高职高专机电及电气类专业系列教材

第八届全国高校出版社优秀畅销书一等奖

机床电器与 PLC

（第二版）

主　编　李　伟

副主编　戴明宏　史增方

参　编　熊新国　施利春

主　审　申凤琴

西安电子科技大学出版社

内 容 简 介

本书分为理论篇和实践篇两大部分：理论篇的主要内容包括常用低压电器，机床基本控制线路，典型机床控制线路的原理分析和故障排除方法，三菱 FX_2 系列 PLC 的工作原理，三菱 FX_2 系列 PLC 逻辑元件，三菱 FX_2 系列 PLC 指令系统及三菱 FX_2 系列 PLC 的应用技术；实践篇的主要内容包括低压电路拆装与调整，机床基本控制线路安装与调试，典型机床控制线路故障检修以及 PLC 控制线路的设计、安装与调试。

本书将电气控制技术与可编程序控制器技术相互贯通，对传统内容进行了精简，对新型控制技术加强了介绍，突出了实践性的内容。实践性的内容以最新制定的《维修电工国家职业标准》为编写依据。通过本书的学习，学生能在规定的学时内达到职业技能鉴定中级以上水平。

本书可作为高职高专机电一体化专业、工业自动化专业、电气专业及其他相关专业的教学用书。

★ 本书配有电子教案，有需要的老师可在出版社网站下载。

图书在版编目(CIP)数据

机床电器与 PLC/李伟主编. —2 版. —西安：西安电子科技大学出版社，2013.2
(2023.1 重印)
ISBN 978 –7–5606–3009–0

Ⅰ. 机…　Ⅱ. 李…　Ⅲ. ① 机床—电气控制—高等职业教育—教材　② plc 技术—高等职业教育—教材　Ⅳ.① TG502.35　② TM571.6

中国版本图书馆 CIP 数据核字(2013)第 028336 号

策　　划　马晓娟
责任编辑　马晓娟
出版发行　西安电子科技大学出版社（西安市太白南路 2 号）
电　　话　(029)88202421　88201467　　　邮　　编　710071
网　　址　www.xduph.com　　　　电子邮箱　xdupfxb001@163.com
经　　销　新华书店
印刷单位　陕西日报社
版　　次　2013 年 2 月第 2 版　　2023 年 1 月第 12 次印刷
开　　本　787 毫米×1092 毫米　1/16　印张 13.5
字　　数　313 千字
印　　数　35 601～37 600 册
定　　价　32.00 元
ISBN 978 – 7 – 5606 – 3009 – 0 / TG
XDUP 3301002–12

＊＊＊ 如有印装问题可调换 ＊＊＊

前　　言

本书是根据目前高等职业教育的特点，并充分考虑到电气控制技术在机电产品中的实际应用和发展而编写的。

在生产过程、科学研究和其他产业领域中，随着科学技术的发展，电气控制技术进入了一个崭新的阶段。目前，可编程序控制器在我国的应用相当广泛，尤其是小型可编程序控制器，采用类似继电器逻辑的过程操作语言，使用十分方便，备受电气工程技术人员的欢迎，因此，了解和学习这些重要的技术对机电类专业的高职高专学生来说是必不可少的。

本书自出版以来，被多所院校选作教材，这让我们感到十分欣慰。本次再版的原因主要有以下几方面：

1. 自本书第一版出版以来，我们与多所院校的教师就本书相关内容进行了深入探讨和交流，得到了许多有益的建议，使用者也对本书提出了很多很好的意见，同时我们也发现了许多需要改进之处。

2. 实践篇采用任务驱动方式，融"讲—练—评"于一体，突出教材的实践性。书中每一个任务都是按任务目的、任务内容、任务实施、任务评定等方式组织编写的。

3. 第一版中有些内容和印刷错误需要调整和修改。

考虑到课程教学内容的系统性和连贯性，本版在保持教材原有基本结构和风格模式的基础上，对第一版中的一些内容进行了调整和修订，同时对部分章节重新进行了编写。具体做了以下处理：

(1) 在保持原书编写风格的基础上，注重机床电器理论的系统性、实用性与 PLC 控制技术的有机结合，突出基本理论、基本概念和基本分析方法的讲解，强调本书理论篇和实践篇的关联性。对第 2 章中三相笼型异步电动机制动控制线路的内容重新进行调整，在第 3 章增加了 Z35 型摇臂钻床控制线路分析内容。

(2) 对原书实践篇内容进行了重新编写，为了更贴近职业教育实践教学，采用任务驱动方式和过程评价。

本书既可作为高职高专机电一体化专业、电气自动化专业、生产过程自动化专业及其他相关专业的教学用书，也可作为电大、职大相同或相近专业的教学用书。本书对于机电相关专业的本科生和工程技术人员来说也是一本较好的参考书和自学教材。

本书由河南职业技术学院李伟主编，并编写了前言和第 2 章；郑州铁路职业技术学院戴明宏和河南工业职业技术学院史增方为副主编，戴明宏编写了第 1 章，史增方编写了第 4、5 章；第 3 章由河南职业技术学院熊新国编写；实践篇由河南职业技术学院施利春编写。本书由西安理工大学高职学院信息与控制工程系申凤琴主审。在本书部分章节的编写过程中参考了有关资料，在此特向这些参考文献的作者们表示衷心的感谢。

由于编者水平有限，编写时间仓促，书中疏漏、不妥之处在所难免，恳请读者批评指正。

编　者

2013 年 1 月

第 一 版 前 言

本书是根据目前高等职业教育的特点，并充分考虑到电气控制技术在机电产品中的实际应用和发展情况而编写的。

在生产过程、科学研究和其他产业领域中，电气控制技术的应用十分广泛。随着科学技术的发展，特别是大规模集成电路的问世和微处理机技术的应用，出现了可编程序控制器(PLC)，它不仅可以取代传统的继电接触器控制系统，还可以进行复杂的过程控制和构成分布式自动化系统，使电气控制技术进入了一个崭新的阶段。目前可编程序控制器在我国的应用相当广泛，尤其是小型可编程序控制器，采用类似继电器逻辑的过程操作语言，使用十分方便，备受电气工程技术人员的欢迎，因此，了解和学习这些重要的技术对机电类专业的高职高专学生来说是必不可少的。

在编写本书的过程中，我们根据高职教材应以培养综合型、实用型人才为目标这一原则，在注重基础理论编写的同时，突出实践性教学环节，努力做到内容全面、语言简洁、通俗易懂、重点突出、实例丰富、图文并茂、实用性强，尽可能体现高职教育的特点。

本书从内容上分为理论篇和实践篇两大部分：理论篇的主要内容包括常用低压电器，机床基本控制电路，典型机床电气线路的原理分析和故障排除方法，三菱 FX$_2$ 系列 PLC 的工作原理，三菱 FX$_2$ 系列 PLC 逻辑元件，三菱 FX$_2$ 系列 PLC 指令系统及三菱 FX$_2$ 系列 PLC 的应用技术；实践篇的主要内容包括低压电器拆装与调整，机床基本控制线路安装与调试，典型机床控制线路故障检修以及 PLC 控制线路的设计、安装与调试。

本书既可作为高职高专机电一体化专业、工业自动化专业、电气专业及其他相关专业的教学用书，也可作为电大、职大相同或相近专业的教学用书。本书对与机电相关专业的本科生和工程技术人员来说也是一本较好的参考书和自学教材。

本书由河南职业技术学院李伟主编，并编写了前言和第 2 章；郑州铁路职业技术学院戴明宏和河南工业职业技术学院史增方为副主编，戴明宏编写了第 1 章，史增方编写了第 4、5 章；第 3 章由河南职业技术学院熊新国编写；实践篇由河南职业技术学院肖海梅、施利春编写。在本书部分章节的编写过程中参考了有关资料，在此特向这些参考文献的作者们表示衷心的感谢。

由于编者水平有限，编写时间仓促，书中疏漏、错误之处在所难免，恳请读者批评指正。

编 者

2005 年 10 月

目　录

实　践　篇

理论篇

第1章 常用低压电器

电器就是接通、断开电路或调节、控制和保护电路与设备的电工器具和装置。

电器的用途广泛,功能多样,构造各异,种类繁多。

1. 按工作电压等级分类

按工作电压等级,电器可分为低压电器和高压电器。低压电器是指工作于交流 50 Hz 或 60 Hz,额定电压 1200 V 以下,或直流额定电压 1500 V 以下电路中的电器;高压电器是指工作于交流额定电压 1200 V 以上,或直流额定电压 1500 V 以上电路中的电器。

2. 按动作原理分类

按动作原理,电器可分为手动电器和自动电器。手动电器是指需要人工直接操作才能完成指令任务的电器;自动电器是指不需要人工操作,而是按照电的或非电的信号自动完成指令任务的电器。

3. 按用途分类

按用途,电器可分为控制电器、主令电器、保护电器、配电电器和执行电器。控制电器是用于各种控制电路和控制系统的电器;主令电器是用于自动控制系统中发送控制指令的电器;保护电器是用于保护电路及用电设备的电器;配电电器是用于电能的输送和分配的电器;执行电器是用于完成某种动作或传动功能的电器。

4. 按工作原理分类

按工作原理,电器可分为电磁式电器和非电量控制电器。电磁式电器是依据电磁感应原理来工作的电器;非电量控制电器是靠外力或某种非电物理量的变化而动作的电器。

本章主要介绍几种常用的低压电器,并通过对它们的结构、工作原理、型号、有关技术数据、图形符号和文字符号、选用原则及使用注意事项等内容的介绍,为以后正确选择、合理使用电器打下基础。

1.1 开 关 电 器

开关电器常用来不频繁地接通或分断控制线路或直接控制小容量电动机,这类电器也可以用来隔离电源或自动切断电源,从而起到保护作用。这类电器包括刀开关、转换开关、自动空气断路器等。

1.1.1 刀开关

刀开关俗称闸刀开关,可分为不带熔断器式和带熔断器式两大类。它们用于隔离电源或进行无负载情况下的电路转换，其中后者还具有短路保护功能。常用的刀开关有以下两种。

1．开启式负荷开关

开启式负荷开关又称瓷底胶盖闸刀开关，常用的有 HK1、HK2 系列。它由刀开关和熔断器组合而成。瓷底板上装有进线座、静触点、熔丝、出线座和带瓷质手柄的闸刀。其结构图与图形符号如图 1-1 所示。

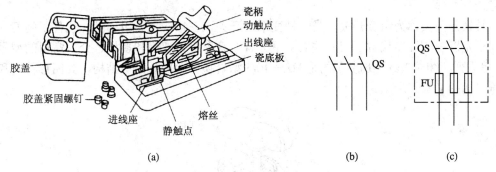

(a)   (b)   (c)

图 1-1　HK 系列瓷底胶盖闸刀开关

(a) 结构图；(b) 刀开关符号；(c) 带熔断器的刀开关符号

这种系列的刀开关因其内部设有熔丝，故可对电路进行短路保护，常用作照明电路的电源开关或用于 5.5 kW 以下三相异步电动机不频繁启动和停止的控制开关。

在选用时，额定电压应大于或等于负载额定电压，对于一般的电路，如照明电路，其额定电流应大于或等于最大工作电流；对于电动机电路，其额定电流应大于或等于电动机额定电流的 3 倍。

开启式负荷开关在安装时应注意：

(1) 闸刀在合闸状态时，手柄应朝上，不准倒装或平装，以防误操作。

(2) 电源进线应接在静触点一边的进线端(进线座在上方)，而用电设备应接在动触点一边的出线端(出线座在下方)，即"上进下出"，不准颠倒，以方便更换熔丝及确保用电安全。

2．封闭式负荷开关

封闭式负荷开关又称铁壳开关，图 1-2 所示为常用的 HH 系列封闭式负荷开关的结构与外形。

这种负荷开关由刀开关、熔断器、灭弧装置、操作手柄、操作机构和外壳构成。三把闸刀固定在一根绝缘方轴上，由操作手柄操纵；操作机构设有机械联锁，当盖子打开时，手柄不能合闸，手柄合闸时，盖子不能打开，保证了操作安全。在手柄转轴与底座间还装有速动弹簧，使刀开关的接通与断开速度与手柄动作速度无关，防止电弧过大。

封闭式负荷开关用来控制照明电路时，其额定电流可按电路的额定电流来选择，而用来

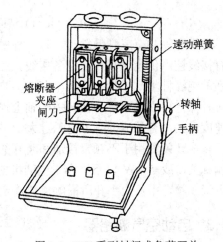

图 1-2　HH 系列封闭式负荷开关

控制不频繁操作的小功率电动机时，其额定电流可按大于电动机额定电流的 1.5 倍来选择。但不宜用于电流超过 60 A 以上负载的控制，以保证可靠灭弧及用电安全。

封闭式负荷开关在安装时，应保证外壳可靠接地，以防漏电而发生意外。接线时，电源线接在静触座的接线端上，负载则接在熔断器一端，不得接反，以确保操作安全。

1.1.2　转换开关

转换开关又称为组合开关，是一种变形刀开关，在结构上是用动触片代替了闸刀，在动作上是以左右旋转代替了刀开关的上下分合，有单极、双极和多极之分。常用的型号有 HZ 等系列。图 1-3(a)、(b)所示的是 HZ－10/3 型转换开关的外形与结构，其图形符号和文字符号如图 1-3(c)所示。

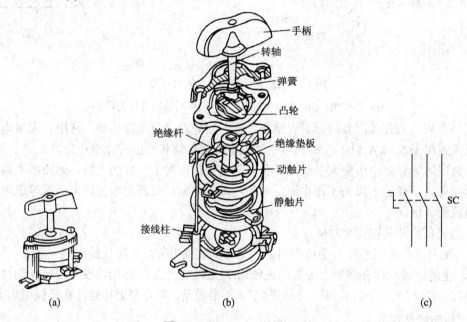

图 1-3　HZ－10/3 型转换开关

(a) 外形；(b) 结构；(c) 图形符号和文字符号

转换开关共有三副静触片，每一静触片的一边固定在绝缘垫板上，另一边伸出盒外并附有接线柱，供电源和用电设备接线。三个动触片装在另外的绝缘垫板上，垫板套在附有手柄的绝缘杆上。手柄每次能沿任一方向旋转 90°，并带动三个动触片分别与对应的三副静触片保持接通或断开。在开关转轴上也装有扭簧储能装置，使开关的分合速度与手柄动作速度无关，有效地抑制了电弧过大。

转换开关多用于不频繁接通和断开的电路，或无电切换电路。如用作机床照明电路的控制开关，或 5 kW 以下小容量电动机的启动、停止和正反转控制。在选用时，可根据电压等级、额定电流大小和所需触点数选定。

1.1.3　自动空气断路器

自动空气断路器过去称为自动开关(或称低压断路器)。按其结构和性能可分为框架式、塑料外壳式和漏电保护式三类。它是一种既能作开关用，又具有电路自动保护功能的低压电器，用于电动机或其它用电设备作不频繁通断操作的线路转换。当电路发生过载、短路、欠电压等非正常情况时，能自动切断与它串联的电路，有效地保护故障电路中的用电设备。漏电保护断路器除具备一般断路器的功能外，还可以在电路出现漏电(如人触电)时自动切断电路进行保护。由于低压断路器具有操作安全、动作电流可调整、分断能力较强等优点，因而在各种电气控制系统中得到了广泛的应用。

　　自动空气断路器主要有 DZ 和 DW 两大系列。它们的构造和工作原理基本相同，主要由触头系统、灭弧装置、操作机构、保护装置(各种脱扣器)及外壳等几部分组成。图 1-4 所示为常用的塑壳式 DZ5－20 型自动空气开关的外形与结构图。该结构图为立体布置，操作机构居中，红色分闸按钮和绿色合闸按钮伸出壳外；主触头系统在后部，其辅助触头为一对动合触头和一对动断触头。

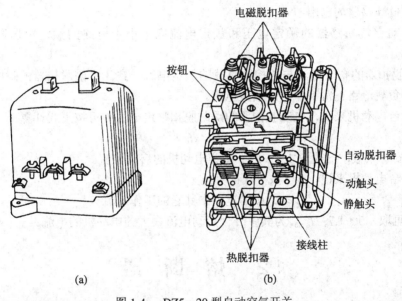

(a)　　　　　　　　　　　　　(b)

图 1-4　　DZ5－20 型自动空气开关

(a) 外形；(b) 结构

　　图 1-5 所示为自动空气断路器的工作原理及图形符号。其中，(a)图中的 2 是自动空气断路器的三对主触头，与被保护的三相主电路相串联，当手动闭合电路后，其主触头由锁链 3 钩住搭钩 4，克服弹簧 1 的拉力，保持闭合状态。搭钩 4 可绕轴 5 转动。当被保护的主电路正常工作时，电磁脱扣器 6 中线圈所产生的电磁吸合力不足以将衔铁 8 吸合；而当被保护的主电路发生短路或产生较大电流时，电磁脱扣器 6 中线圈所产生电磁吸合力随之增大，直至将衔铁 8 吸合，并推动杠杆 7，把搭钩 4 顶离。在弹簧 1 的作用下主触头断开，切断主电路，起到保护作用。又当电路电压严重下降或消失时，欠电压脱扣器 11 中的吸力减少或失去吸力，衔铁 10 被弹簧 9 拉开，推动杠杆 7，将搭钩 4 顶开，断开了主触头。当电路发生过载时，过载电流流过发热元件 13，使双金属片 12 向上弯曲，将杠杆 7 推动，断开主触头，从而起到保护作用。

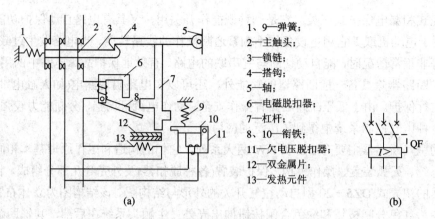

图 1-5 自动空气断路器

(a) 工作原理；(b) 图形符号

1、9—弹簧；
2—主触头；
3—锁链；
4—搭钩；
5—轴；
6—电磁脱扣器；
7—杠杆；
8、10—衔铁；
11—欠电压脱扣器；
12—双金属片；
13—发热元件

自动空气断路器的选用：

(1) 自动空气断路器的额定电压和额定电流应不小于电路的额定电压和最大工作电流。

(2) 热脱扣器的整定电流与所控制负载的额定电流一致。电磁脱扣器的瞬时脱扣整定电流应大于负载电路正常工作时的最大电流。

对于单台电动机来说，电磁脱扣器的瞬时脱扣整定电流 I_z 可按下式计算：

$$I_z \geqslant kI_q$$

式中，k 为安全系数，一般取 1.5～1.7；I_q 为电动机的启动电流。

对于多台电动机来说，I_z 可按下式计算：

$$I_z \geqslant kI_{qmax} + 电路中其它的工作电流$$

式中，k 也可取 1.5～1.7；I_{qmax} 为其中一台启动电流最大的电动机的电流。

1.2 熔 断 器

熔断器俗称保险丝，它是一种最简单有效的保护电器。在使用时，熔断器串接在被保护的电路中，作为电路及用电设备的短路和严重过载保护器件，其主要作用是短路保护。

1.2.1 熔断器的结构及类型

1. 熔断器的结构

熔断器主要由熔体和安装熔体的熔壳两部分组成。它们的外形结构和符号如图 1-6 所示。其中，图 1-6(a) 为 RC 型瓷插式熔断器，图 1-6(b) 为 RL 型螺旋式熔断器，图 1-6(c) 为熔断器的图形符号和文字符号。

熔体由易熔金属材料铅、锡、锌、银、铜及其合金制成，通常制成丝状或片状。熔壳是装熔体的外壳，由陶瓷、绝缘钢纸或玻璃纤维制成，在熔体熔断时兼有灭弧作用。

熔断器的熔体与被保护的电路串联，当电路正常工作时，熔体允许通过一定大小的电流而不熔断。当电路发生短路或严重过载时，熔体中流过很大的故障电流，当电流产生的热量达到熔体的熔点时，熔体熔断从而切断电路，达到保护目的。通过熔体的电流越大，熔体熔断的时间越短，这一特性称为熔断器的保护特性(或安秒特性)，如图 1-7 所示。熔断器的保护特性数值关系如表 1-1 所示。

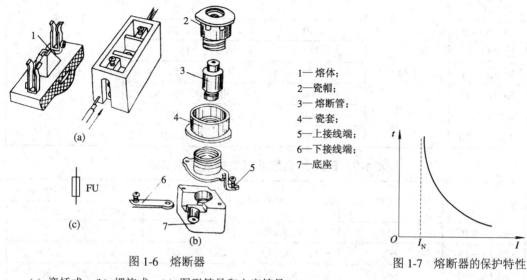

1—熔体；
2—瓷帽；
3—熔断管；
4—瓷套；
5—上接线端；
6—下接线端；
7—底座

图 1-6　熔断器

(a) 瓷插式；(b) 螺旋式；(c) 图形符号和文字符号

图 1-7　熔断器的保护特性

表 1-1　熔断器的保护特性数值关系

熔断电流	$(1.25\sim1.3)I_N$	$1.6\,I_N$	$2.0\,I_N$	$2.5\,I_N$	$3\,I_N$	$4\,I_N$
熔断时间	$\propto$	1 h	40 s	8 s	4.5 s	2.5 s

注：表中 I_N 为电路中的额定电流。

2. 熔断器的类型

常见的熔断器有瓷插式和螺旋式两种。RC1A 系列瓷插式熔断器的额定电压为 380 V，主要用作低压分支电路的短路保护。熔壳的额定电流等级有 5 A、10 A、15 A、30 A、60 A、100 A、200 A 七个等级。RL1 系列螺旋式熔断器的额定电压为 500 V，多在机床电路中作短路保护。熔体的额定电流等级有 2 A、4 A、6 A、10 A 等。熔体的额定电流、熔断电流与其线径大小有关。

1.2.2　熔断器的技术参数

在选配熔断器时，经常需要考虑以下几个主要技术参数：

(1) 额定电压：指熔断器(熔壳)长期工作时以及分断后能够承受的电压值，其值一般大于或等于电气设备的额定电压。

(2) 额定电流：指熔断器(熔壳)长期通过的、不超过允许温升的最大工作电流值。

(3) 熔体的额定电流：指长期通过熔体而不使其熔断的最大电流值。

(4) 熔体的熔断电流：指通过熔体并使其熔断的最小电流值。

(5) 极限分断能力：指熔断器在故障条件下，能够可靠地分断电路的最大短路电流值。

RC1A 系列和 RL1 系列熔断器的主要技术参数如表 1-2 和表 1-3 所示。

表 1-2　RC1A 系列熔断器的主要技术参数

型　号	额定电压/V	熔壳额定电流/A	熔体额定电流/A	极限分断能力/kA
RC1A－5		5	1、2、3、5	
RC1A－10		10	2、4、6、10	
RC1A－15		15	6、10、15	
RC1A－30	380	30	15、20、25、30	0.5～3
RC1A－60		60	30、40、50、60	
RC1A－100		100	60、80、100	
RC1A－200		200	100、120、150、200	

表 1-3　RL1 系列熔断器的主要技术参数

型　号	熔壳额定电流/A	熔体额定电流/A	极限分断能力/kA	
			380 V	500 V
RL1A－10	15	2、4、6、10、15	2	2
RL1A－15	60	20、25、30、35、40、50、60	5	3.5
RL1A－30	100	60、80、100		20
RL1A－60	200	100、125、150、200		50

熔断器的型号意义如下：

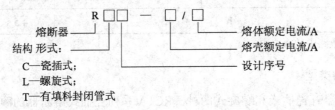

1.2.3　熔断器的选择

熔断器的选择主要是根据熔断器的种类、额定电压、额定电流、熔体额定电流以及线路负载性质而定的。具体可按如下原则选择：

(1) 熔断器的额定电压应大于或等于电路工作电压。

(2) 电路上、下两级都设熔断器保护时，其上、下两级熔体电流大小的比值不小于 1.6∶1。

(3) 对于电阻性负载(如电炉、照明电路)，熔断器可作过载和短路保护，熔体的额定电流应大于或等于负载的额定电流。

(4) 对于电感性负载的电动机电路，熔断器只作短路保护而不宜作过载保护。

(5) 对于单台电动机的保护，熔体的额定电流 I_{RN} 应不小于电动机额定电流 I_N 的 1.5～2.5 倍，即 $I_{RN} \geqslant (1.5 \sim 2.5) I_N$。轻载启动或启动时间较短时系数可取在 1.5 附近；带负载启动、启动时间较长或启动较频繁时，系数可取 2.5。

(6) 对于多台电动机的保护，熔体的额定电流 I_{RN} 应不小于最大一台电动机额定电流

I_{Nmax} 的 1.5～2.5 倍，再加上其余同时使用的电动机的额定电流之和($\sum I_N$)，即

$$I_{RN} \geqslant (1.5 \sim 2.5)I_{Nmax} + \sum I_N$$

1.3 接 触 器

当电动机功率稍大或启动频繁时，使用手动开关控制既不安全又不方便，更无法实现远距离操作和自动控制，此时就需要用自动电器来替代普通的手动开关。

接触器是一种用来频繁地接通或分断交、直流主电路及大容量控制电路的自动切换电器，主要用于控制电动机、电热设备、电焊机和电容器组等。它是电力拖动自动控制系统中使用最广泛的电器元件之一。

接触器按其主触头通过电流的种类不同，可分为交流接触器和直流接触器。由于它们的结构大致相同，因此下面仅以交流接触器为例，分析接触器的组成部分和作用。

1.3.1 交流接触器的结构及工作原理

交流接触器的外形结构如图 1-8(a)所示，其图形符号和文字符号如图 1-8(b)所示。

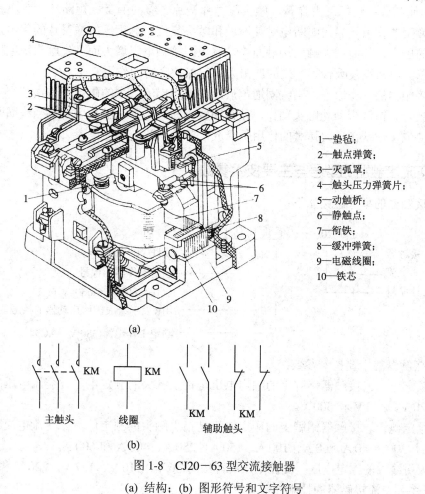

1—垫毡；
2—触点弹簧；
3—灭弧罩；
4—触头压力弹簧片；
5—动触桥；
6—静触点；
7—衔铁；
8—缓冲弹簧；
9—电磁线圈；
10—铁芯

(a)

(b)

图 1-8 CJ20－63 型交流接触器

(a) 结构；(b) 图形符号和文字符号

交流接触器主要由以下四个部分组成：

(1) 电磁机构：电磁机构由线圈、衔铁和铁芯等组成。它能产生电磁吸力，驱使触头动作。在铁芯头部平面上都装有短路环，目的是消除交流电磁铁在吸合时可能产生的衔铁振动和噪音。当交变电流过零时，电磁铁的吸力为零，衔铁被释放，当交变电流过了零值后，衔铁又被吸合，这样一放一吸，使衔铁发生振动。当装上短路环后，在其中产生感应电流，能阻止交变电流过零时磁场的消失，使衔铁与铁芯之间始终保持一定的吸力，因此消除了振动现象。

(2) 触头系统：包括主触头和辅助触头。主触头用于接通和分断主电路，通常为三对常开触头。辅助触头用于控制电路，起电气联锁作用，故又称为联锁触头，一般有常开、常闭触头各两对。在线圈未通电时(即平常状态下)，处于相互断开状态的触头叫常开触头，又叫动合触头；处于相互接触状态的触头叫常闭触头，又叫动断触头。接触器中的常开和常闭触头是联动的，当线圈通电时，所有的常闭触头先行分断，然后所有的常开触头跟着闭合；当线圈断电时，在反力弹簧的作用下，所有触头都恢复原来的平常状态。

(3) 灭弧罩。额定电流在 20 A 以上的交流接触器，通常都设有陶瓷灭弧罩。它的作用是迅速切断触头在分断时所产生的电弧，以避免发生触头烧毛或熔焊现象。

(4) 其他部分：包括反力弹簧、触头压力弹簧片、缓冲弹簧、短路环、底座和接线柱等。反力弹簧的作用是当线圈断电时使衔铁和触头复位。触头压力弹簧片的作用是增大触头闭合时的压力，从而增大触头接触面积，避免因接触电阻增大而产生触头烧毛现象。缓冲弹簧可以吸收衔铁被吸合时产生的冲击力，起保护底座的作用。

交流接触器的工作原理：当线圈通电后，线圈中电流产生的磁场，使铁芯产生电磁吸力将衔铁吸合。衔铁带动动触头动作，使常闭触头断开，常开触头闭合。当线圈断电时，电磁吸力消失，衔铁在反力弹簧的作用下释放，各触头随之复位。

1.3.2 交流接触器的型号与主要技术参数

交流接触器的型号意义如下：

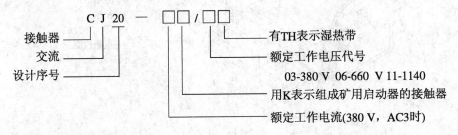

交流接触器的主要技术参数：

(1) 额定电压。接触器铭牌上的额定电压是指主触头的额定电压。交流电压的等级有 127 V、220 V、380 V 和 500 V。

(2) 额定电流。接触器铭牌上的额定电流是指主触头的额定电流。交流电流的等级有 5 A、10 A、20 A、40 A、60 A、100 A、150 A、250 A、400 A 和 600 A。

(3) 吸引线圈的额定电压。交流电压的等级有 36 V、110 V、127 V、220 V 和 380 V。CJ20 系列交流接触器的技术参数如表 1-4 所示。

表 1-4　CJ20 系列交流接触器的技术参数

型　号	频率/Hz	辅助触头额定电流/A	吸引线圈电压/V	主触头额定电流/A	额定电压/V	可控制电动机最大功率/kW
CJ20-10				10	380/220	4/2.2
CJ20-16				16	380/220	7.5/4.5
CJ20-25				25	380/220	11/5.5
CJ20-40				40	380/220	22/11
CJ20-63	50	5	～36、～127、～220、～380	63	380/220	30/18
CJ20-100				100	380/220	50/28
CJ20-160				160	380/220	85/48
CJ20-250				250	380/220	132/80
CJ20-400				400	380/220	220/115

1.3.3　直流接触器

　　直流接触器主要用于额定电压至 440 V、额定电流至 1600 A 的直流电力线路中，作为远距离接通和分断电路，控制直流电动机的频繁启动、停止和反向。

　　直流电磁机构通以直流电，铁芯中无磁滞和涡流损耗，因而铁芯不发热。而吸引线圈的匝数多、电阻大、铜耗大，线圈本身发热，因此吸引线圈做成长而薄的圆筒状，且不设线圈骨架，使线圈与铁芯直接接触，以便散热。

　　触头系统也有主触头与辅助触头。主触头一般做成单极或双极，单极直流接触器用于一般的直流回路中，双极直流接触器用于分断后电路完全隔断的电路以及控制电机的正、反转电路中。由于通断电流大，通电次数多，因此采用滚滑接触的指形触头。辅助触头由于通断电流小，常采用点接触的桥式触头。

　　直流接触器一般采用磁吹灭弧装置。

　　国内常用的直流接触器有 CZ18、CZ21、CZ22 等系列。

　　直流接触器的型号意义如下：

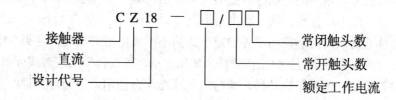

　　直流接触器的图形符号和文字符号同交流接触器。

1.3.4 交流接触器的选择

交流接触器的选择主要考虑如下因素：

(1) 依据负载电流性质决定接触器的类型，即直流负载选用直流接触器，交流负载选用交流接触器。

(2) 额定电压与额定电流。主要考虑接触器主触点的额定电压与额定电流。

$$U_{KMN} \geqslant U_{CN} \tag{1-1}$$

$$I_{KMN} \geqslant I_N = \frac{P_{MN} \times 10^3}{K U_{MN}} \tag{1-2}$$

式中，U_{KMN}——接触器的额定电压(V)；

U_{CN}——负载的额定线电压(V)；

I_{KMN}——接触器的额定电流(A)；

I_N——接触器主触点电流(A)；

P_{MN}——电动机功率(kW)；

U_{MN}——电动机额定线电压(V)；

K——经验常数，$K = 1 \sim 1.4$。

(3) 吸引线圈的额定电压与控制电路电压相一致。

(4) 主触头与辅助触头中动合触头和动断触头数量符合电路需求。

1.4 继 电 器

继电器是一种根据外界输入的信号(电的或非电的)来控制电路中电流通断的自动切换电器。它具有输入电路(又称感应元件)和输出电路(又称执行元件)。当感应元件中的输入量(如电流、电压、温度、压力等)变化到某一定值时继电器动作，执行元件便接通或断开控制电路。其触点通常接在控制电路中。

电磁式继电器的结构和工作原理与接触器相似，结构上也是由电磁机构和触头系统组成的。但是，继电器控制的是小功率信号系统，流过触头的电流很弱，所以不需要灭弧装置。另外，继电器可以对各种输入量作出反应，而接触器只有在一定的电压信号下才能动作。

继电器种类繁多，常用的有电流继电器、电压继电器、中间继电器、时间继电器、热继电器以及温度、压力、计数、频率继电器等。

电子元器件的发展应用，推动了各种电子式的小型继电器的出现，这类继电器比传统的继电器灵敏度更高，寿命更长，动作更快，体积更小，一般都采用密封式或封闭式结构，用插座与外电路连接，便于迅速替换，能与电子线路配合使用。下面对几种经常使用的继电器作简单介绍。

1.4.1 电流、电压继电器

根据输入电流大小而动作的继电器称为电流继电器。电流继电器的线圈串接在被测量的电路中，以反映电流的变化，其触点接在控制电路中，用于控制接触器线圈或信号指示灯的通/断。为了不影响被测电路的正常工作，电流继电器线圈阻抗应比被测电路的等效阻抗小得多。因此，电流继电器的线圈匝数少、导线粗。电流继电器按用途还可分为过电流继电器和欠电流继电器。过电流继电器的任务是当电路发生短路及过流时立即将电路切断，继电器线圈电流小于整定电流时继电器不动作，只有超过整定电流时才动作。过电流继电器的动作电流整定范围，交流过流继电器为$(110\%\sim350\%)I_N$，直流过流继电器为$(70\%\sim300\%)I_N$。欠电流继电器的任务是当电路电流过低时立即将电路切断，继电器线圈通过的电流大于或等于整定电流时，继电器吸合，只有电流低于整定电流时，继电器才释放。欠电流继电器的动作电流整定范围，吸合电流为$(30\%\sim50\%)I_N$，释放电流为$(10\%\sim20\%)I_N$，欠电流继电器一般是自动复位的。

与此类似，电压继电器是根据输入电压大小而动作的继电器，其结构与电流继电器相似，不同的是电压继电器的线圈与被测电路并联，以反映电压的变化，因此，它的吸引线圈匝数多、导线细、电阻大。电压继电器按用途也可分为过电压继电器和欠电压继电器。过电压继电器的动作电压整定范围为$(105\%\sim120\%)U_N$；欠电压继电器的吸合电压调整范围为$(30\%\sim50\%)U_N$，释放电压调整范围为$(7\%\sim20\%)U_N$。

下面以 JL18 系列电流继电器为例，介绍其规格表示方法，并在表 1-5 中列出了其主要技术参数。

电流继电器的型号意义如下：

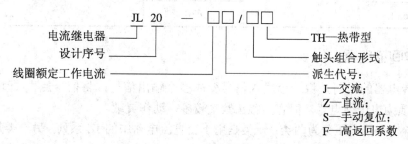

整定电流的调节范围：交流吸合为$(110\%\sim350\%)I_N$；直流吸合为$(70\%\sim300\%)I_N$。电流、电压继电器的图形符号和文字符号如图 1-9 所示。

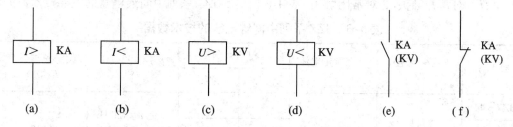

图 1-9　电流、电压继电器的图形符号和文字符号

(a) 过电流继电器线圈；(b) 欠电流继电器线圈；(c) 过电压继电器线圈；

(d) 欠电压继电器线圈；(e) 常开触头；(f) 常闭触头

表 1-5　JL18 系列电流继电器的技术参数

型　号	线圈额定值		结 构 特 征
	工作电压/V	工作电流/A	
JL18－1.0		1.0	
JL18－1.6		1.6	
JL18－2.5		2.5	
JL18－4.0		4.0	
JL18－6.3		6.3	
JL18－10		10	
JL18－16		16	
JL18－25	～380、－220	25	触头工作电压为～380 V、－220 V；发热电流 10 A；可自动及手动复位
JL18－40		40	
JL18－63		63	
JL18－100		100	
JL18－160		160	
JL18－250		250	
JL18－400		400	
JL18－630		630	

1.4.2　中间继电器

中间继电器的作用是将一个输入信号变成多个输出信号或将信号放大(即增大触头容量)。其实质为电压继电器，但它的触头数量较多，动作灵敏。

中间继电器按电压分为两类：一类是用于交直流电路中的 JZ 系列，另一类是只用于直流操作的各种继电保护线路中的 DZ 系列。

常用的中间继电器有 JZ7 系列，以 JZ7－62 为例，JZ 为中间继电器的代号，7 为设计序号，有 6 对常开触头，2 对常闭触头。表 1-6 列出了 JZ7 系列中间继电器的主要技术数据。

表 1-6　JZ7 系列中间继电器的技术数据

型　号	触点额定电压/V	触点额定电流/A	触点对数		吸引线圈电压/V	额定操作频率/(次/h)
			常开	常闭		
JZ7－44			4	4	交流　50 Hz时 12、36、127、220、380	
JZ7－62	500	5	6	2		1200
JZ7－80			8	0		

新型中间继电器触头闭合过程中动、静触头间有一段滑擦、滚压过程，可以有效地清除触头表面的各种生成膜及尘埃，减小了接触电阻，提高了接触可靠性,有的还装了防尘罩或采用密封结构，也是提高可靠性的有效措施。有些中间继电器安装在插座上，插座有多种形式可供选择；有些中间继电器可直接安装在导轨上，安装和拆卸均很方便。常用的中间继电器有 JZ18、MA、K、HH5、RT11 等系列。中间继电器的图形符号和文字符号如图 1-10 所示。

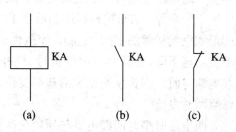

图 1-10　中间继电器的图形符号和文字符号

(a) 线圈；(b) 常开触头；(c) 常闭触头

1.4.3　时间继电器

感受部分在感受外界信号后，经过一段时间才能使执行部分动作的继电器，叫做时间继电器。即当吸引线圈通电或断电以后，其触头经过一定延时才动作，以控制电路的接通或分断。

时间继电器的种类很多，主要有直流电磁式、空气阻尼式、电动式、电子式等几大类。延时方式有通电延时和断电延时两种。

1. 直流电磁式时间继电器

该类继电器用阻尼的方法来延缓磁通变化的速度，以达到延时的目的。其结构简单，运行可靠，寿命长，允许通电次数多，但仅适用于直流电路，延时时间较短。一般通电延时仅为(0.1～0.5)s，而断电延时可达(0.2～10)s。因此，直流电磁式时间继电器主要用于断电延时。

2. 空气阻尼式时间继电器

该类继电器由电磁机构、工作触头及气室三部分组成，它的延时是靠空气的阻尼作用来实现的。常见的型号有 JS7－A 系列，按其控制原理有通电延时和断电延时两种类型。

图 1-11 所示为 JS7－A 空气阻尼式时间继电器的工作原理图。

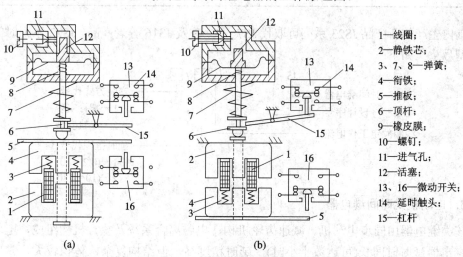

图 1-11　JS7－A 系列时间继电器的工作原理图

(a) 通电延时型；(b) 断电延时型

当通电延时型时间继电器电磁铁线圈 1 通电后，将衔铁 4 吸下，于是顶杆 6 与衔铁间出现一个空隙，当与顶杆相连的活塞 12 在弹簧 7 的作用下由上向下移动时，在橡皮膜 9 上面形成空气稀薄的空间(气室)，空气由进气孔 11 逐渐进入气室，活塞因受到空气的阻力，不能迅速下降，在降到一定位置时，杠杆 15 使触头 14 动作(常开触点闭合，常闭触点断开)。线圈断电时，弹簧使衔铁和活塞等复位，空气经橡皮膜与顶杆之间推开的气隙迅速排出，触点瞬时复位。

断电延时型时间继电器与通电延时型时间继电器的原理和结构均相同，只是将其电磁机构翻转 180°后再安装。

空气阻尼式时间继电器延时时间有(0.4~180)s 和(0.4~60)s 两种规格，具有延时范围较宽、结构简单、工作可靠、价格低廉、寿命长等优点，是机床交流控制线路中常用的时间继电器。它的缺点是延时精度较低。

表 1-7 列出了 JS7-A 型空气阻尼式时间继电器的技术数据，其中 JS7-2A 型和 JS7-4A 型既带有延时动作触头，又带有瞬时动作触头。

表 1-7　JS7-A 型空气阻尼式时间继电器的技术数据

型　号	触点额定容量		延时触点对数				瞬时动作触点数量		线圈电压/V	延时范围/s
	电压/V	电流/A	线圈通电延时		线圈断电延时					
			常开	常闭	常开	常闭	常开	常闭		
JS7-1A	380	5	1	1					交流 36、127、220、380	0.4~60 及 0.4~80
JS7-2A			1	1			1	1		
JS7-3A					1	1				
JS7-4A					1	1	1	1		

国内生产的新产品 JS23 系列可取代 JS7-A、B 及 JS16 等老产品。JS23 系列时间继电器的型号意义如下：

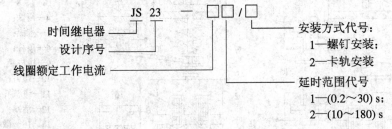

3. 电动机式时间继电器

该类继电器由同步电动机、减速齿轮机构、电磁离合系统及执行机构组成，电动机式时间继电器延时时间长(可达数十小时)，延时精度高，但结构复杂，体积较大，常用的有 JS10 系列、JS11 系列和 7PR 系列。

4. 电子式时间继电器

该类继电器的早期产品多是阻容式，近期开发的产品多为数字式，又称计数式，它是由脉冲发生器、计数器、数字显示器、放大器及执行机构组成的，具有延时时间长、调节方便、精度高的优点，有的还带有数字显示，应用很广，可取代阻容式、空气式、电动机式等时间继电器。该类时间继电器只有通电延时型，延时触头均为 2NO、2NC，无瞬时动作触头。国内生产的产品有 JSS1 系列，其型号意义如下：

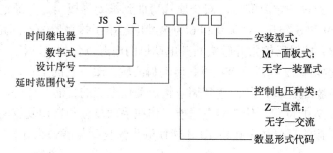

JSS1 系列电子式时间继电器型号中数显形式代码的含义如下：

代码	无	A	B	C	D	E	F
意义	不带数显	2 位数显递增	2 位数显递减	3 位数显递增	3 位数显递减	4 位数显递增	4 位数显递减

时间继电器的图形符号和文字符号如图 1-12 所示。

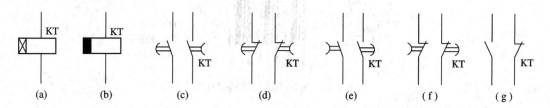

图 1-12 时间继电器的图形符号和文字符号

(a) 通电延时线圈；(b) 断电延时线圈；(c) 通电延时闭合的常开触头；

(d) 通电延时断开的常闭触头；(e) 断电延时断开的常开触头；

(f) 断电延时闭合的常闭触头；(g) 瞬动常开、常闭触头

1.4.4 热继电器

电动机在实际运行中常遇到过载情况，若电动机过载不大，时间较短，那么只要电动机绕组不超过允许温升，则这种过载是允许的。但是长时间过载，绕组超过允许温升时，将会加剧绕组绝缘的老化，缩短电动机的使用年限，严重时会将电动机烧毁。因此，应采用热继电器作电动机的过载保护。

1. 热继电器的结构及工作原理

热继电器是利用电流通过元件所产生的热效应原理而反时限动作的继电器，专门用来对连续运行的电动机进行过载及断相保护，以防止电动机过热而烧毁。它主要由加热元件、

双金属片和触头组成。双金属片是它的测量元件，由两种具有不同线膨胀系数的金属通过机械辗压而制成，线膨胀系数大的称为主动层，小的称为被动层。加热双金属片的方式有四种：直接加热、热元件间接加热、复合式加热和电流互感器加热。

图 1-13 所示是热继电器的结构原理图。热元件 3 串接在电动机定子绕组中，电动机绕组电流即为流过热元件的电流。当电动机正常运行时，热元件产生的热量虽能使双金属片 2 弯曲，但还不足以使继电器动作；当电动机过载时，热元件产生的热量增大，使双金属片弯曲位移增大，经过一定时间后，双金属片弯曲到推动导板 4，并通过补偿双金属片 5 与推杆 14 将触头 9 和 6 分开。触头 9 和 6 为热继电器串于接触器线圈回路的常闭触头，断开后使接触器失电，接触器的常开触头断开电动机的电源以保护电动机。调节旋钮 11 是一个偏心轮，它与支撑件 12 构成一个杠杆，转动偏心轮，改变它的半径，即可改变补偿双金属片 5 与导板 4 接触的距离，从而达到调节整定动作电流的目的。此外，靠调节复位螺钉 8 来改变常开触头 7 的位置，使热继电器能工作在手动复位和自动复位两种工作状态。手动复位时，在故障排除后要按下按钮 10 才能使触头恢复到与静触头 6 相接触的位置。

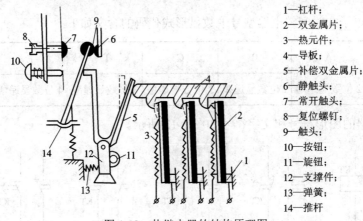

1—杠杆；
2—双金属片；
3—热元件；
4—导板；
5—补偿双金属片；
6—静触头；
7—常开触头；
8—复位螺钉；
9—触头；
10—按钮；
11—旋钮；
12—支撑件；
13—弹簧；
14—推杆

图 1-13　热继电器的结构原理图

2. 带断相保护的热继电器

三相电动机的一根接线松开或一相熔丝熔断，是造成三相异步电动机烧坏的主要原因之一。如果热继电器所保护的电动机是星形接法，那么当线路发生一相断电时，另外两相电流增大很多，由于线电流等于相电流，流过电动机绕组的电流和流过热继电器的电流增加比例相同，因此普通的两相或三相热继电器可以对此做出保护。如果电动机是三角形接法，则发生断相时，由于电动机的相电流与线电流不等，流过电动机绕组的电流和流过热继电器的电流增加比例不相同，而热元件又串接在电动机的电源进线中，按电动机的额定电流即线电流来整定，整定值较大，因而当故障线电流达到额定电流时，在电动机绕组内部，电流较大的那一相绕组的故障电流将超过额定相电流，便有过热烧毁的危险。所以三角形接法必须采用带断相保护的热继电器。带有断相保护的热继电器是在普通热继电器的基础上增加一个差动机构，对三个电流进行比较的。带断相保护的热继电器结构如图 1-14 所示。

当一相(设 A 相)断路时，A 相(右侧)热元件温度由原正常热状态下降，双金属片由弯曲状态伸直，推动导板右移；同时由于 B、C 相电流较大，推动导板向左移，使杠杆扭转，继电器动作，起到断相保护作用。

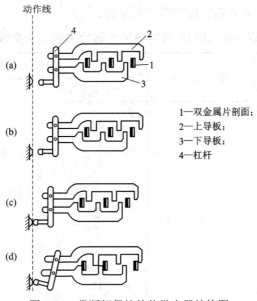

图 1-14　带断相保护的热继电器结构图

(a) 断电；(b) 正常运行；(c) 过载；(d) 单相断电

1—双金属片剖面；
2—上导板；
3—下导板；
4—杠杆

热继电器采用发热元件，其反时限动作特性能比较准确地模拟电机的发热过程与电动机温升，确保了电动机的安全。值得一提的是，由于热继电器具有热惯性，不能瞬时动作，故不能用作短路保护。

3．热继电器主要参数及常用型号

热继电器主要参数有：热继电器额定电流、相数，热元件额定电流，整定电流及调节范围等。

热继电流的额定电流是指热继电器中，可以安装的热元件的最大整定电流值。

热元件的额定电流是指热元件的最大整定电流值。

热继电器的整定电流是指能够长期通过热元件而不致引起热继电器动作的最大电流值。通常热继电器的整定电流是按电动机的额定电流整定的。对于某一热元件的热继电器，可手动调节整定电流旋钮，通过偏心轮机构，调整双金属片与导板的距离，能在一定范围内调节其电流的整定值，使热继电器更好地保护电动机。

JR16、JR20 系列热继电器是目前广泛应用的热继电器，其型号意义如下：

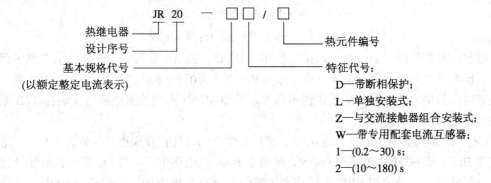

表 1-8 列出了 JR16 系列热继电器的主要参数。

表 1-8　JR16 系列热继电器的主要规格参数

型　号	额定电流/A	热元件规格	
		额定电流/A	电流调节范围/A
JR16－20/3 JR16－20/3D	20	0.35 0.5 0.72 1.1 1.6 2.4 3.5 5.0 7.2 11.0 16.0 22	0.25～0.35 0.32～0.5 0.45～0.72 0.68～1.1 1.0～1.6 1.5～2.4 2.2～3.5 3.2～5.0 4.5～7.2 6.8～11 10.0～16 14～22
JR60－60/3 JR60－60/3D	60	22 32 45 63	14～22 20～32 28～45 45～63
JR16－150/3 JR16－150/3D	150	63 85 120 160	40～63 53～85 75～120 100～160

热继电器的图形符号和文字符号如图 1-15 所示。

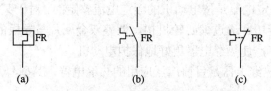

(a)　　　　　　　　(b)　　　　　　　　(c)

图 1-15　热继电器的图形符号和文字符号

(a) 热元件；(b) 常开触头；(c) 常闭触头

目前，新型热继电器也在不断推广使用。3UA5、3UA6 系列热继电器是引进德国西门子公司技术生产的，适用于交流电压至 660 V、电流为(0.1～630) A 的电路中，而且热元件的整定电流各型号之间重复交叉，便于选用。其中 3UA5 系列热继电器可安装在 3TB 系列接触器上组成电磁启动器。

LR₁－D 系列热继电器是引进法国专有技术生产的，具有体积小、寿命长等特点，适用于交流 50 Hz 或 60 Hz、电压至 660 V、电流至 80 A 的电路中，可与 LC 系列接触器插接组合在一起使用。引进德国 BBC 公司技术生产的 T 系列热继电器，适用于交流(50～60)Hz、电压 660 V 以下、电流至 500 A 的电力线路中。

4．热继电器的正确使用及维护

(1) 热继电器的额定电流等级不多，但其发热元件编号很多，每一种编号都有一定的电流整定范围。在使用时应使发热元件的电流整定范围中间值与保护电动机的额定电流值相等，再根据电动机运行情况通过调节旋钮去调节整定值。

(2) 对于重要设备，一旦热继电器动作后，就必须待故障排除后方可重新启动电动机，应采用手动复位方式；若电气控制柜距操作地点较远，且从工艺上又易于看清过载情况，则可采用自动复位方式。

(3) 热继电器和被保护电动机的周围介质温度应尽量相同，否则会破坏已调整好的配合情况。

(4) 热继电器必须按照产品说明书中规定的方式安装。当与其它电器装在一起时，应将热继电器置于其它电器下方，以免其动作特性受其它电器发热的影响。

(5) 使用中应定期去除尘埃和污垢，并定期通电校验其动作特性。

1.4.5　速度继电器

速度继电器又称为反接制动继电器。它的主要作用是与接触器配合，实现对电动机的制动。也就是说，在三相交流异步电动机反接制动转速过零时，自动切除反相序电源。图 1-16 所示为其结构原理图。

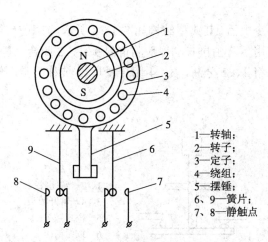

1—转轴；
2—转子；
3—定子；
4—绕组；
5—摆锤；
6、9—簧片；
7、8—静触点

图 1-16　速度继电器结构原理图

速度继电器主要由转子、圆环(笼型空心绕组)和触点三部分组成。

转子由一块永久磁铁制成，与电动机同轴相连，用以接收转动信号。当转子(磁铁)旋转时，笼型绕组切割转子磁场，产生感应电动势，形成环内电流。转子转速越高，这一电流就越大。此电流与磁铁磁场相作用，产生电磁转矩，圆环在此力矩的作用下带动摆杆，克服弹簧力而顺着转子转动的方向摆动，并拨动触点改变其通断状态(在摆杆左右各设一组切换触点，分别在速度继电器正转和反转时发生作用)。当调节弹簧弹性力时，可使速度继电器在不同转速时切换触点，改变通/断状态。

速度继电器的动作速度一般不低于 120 r/min，复位转速约在 100 r/min 以下，该数值可以调整。工作时，允许的转速高达(1000～3600)r/min。由速度继电器的正转和反转切换触点的动作，来反映电动机转向和速度的变化。常用的型号有 JY1 和 JFZ0。

速度继电器的图形符号和文字符号如图 1-17 所示。

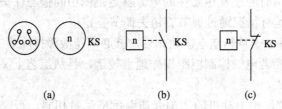

(a)   (b)   (c)

图 1-17　速度继电器的图形符号和文字符号

(a) 转子；(b) 常开触头；(c) 常闭触头

1.5　主令电器

主令电器是用来发布命令、改变控制系统工作状态的电器。它可以直接作用于控制电路，也可以通过电磁式电器的转换对电路实现控制，其主要类型有控制按钮、行程开关、万能转换开关、主令控制器、脚踏开关等。

1.5.1　控制按钮

按钮是最常用的主令电器，其典型结构如图 1-18 所示。它既有常开触头也有常闭触头。常态时在复位弹簧的作用下，由桥式动触头将静触头 1、2 闭合，静触头 3、4 断开，当按下按钮时，桥式动触头将 1、2 分断，3、4 闭合。1、2 被称为常闭触头或动断触头，3、4 被称为常开或动合触头。

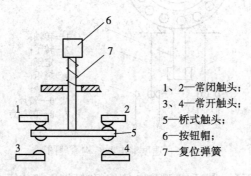

1、2—常闭触头；
3、4—常开触头；
5—桥式触头；
6—按钮帽；
7—复位弹簧

图 1-18　按钮开关结构示意图

为了适应控制系统的要求，按钮的结构形式很多，如表 1-9 所示。

常用的按钮型号有 LA2、LA18、LA19、LA20 及新型号 LA25 等系列。引进生产的有瑞士 EAO 系列、德国 LAZ 系列等。其中 LA2 系列有一对常开和一对常闭触头，具有结构简单、动作可靠、坚固耐用的优点。LA18 系列按钮采用积木式结构，触头数量可按需要进行拼装。LA19 系列为按钮开关与信号灯的组合，按钮兼作信号灯灯罩，用透明塑料制成。

表 1-9　控制按钮的主要结构形式

分　　类		代号	特　　点
安装方式	面板安装按钮		供开关板、控制台上安装固定用
	固定安装按钮		底部有安装固定孔
防护式	开启式按钮	K	无防护外壳，适于嵌装在柜台面板上
	保护式按钮	H	有防护外壳，可防止偶然触及带电部分
	防水式按钮	S	具有密封外壳，可防止雨水的侵入
	防腐式按钮	F	具有密封外壳，可防止腐蚀性气体侵入
操作方式	按压操作		按压操作
	旋转操作　手柄式	X	用手柄操作旋钮，有两位置或三位置
	旋转操作　钥匙式	Y	用钥匙插入旋钮进行操作，可防止误操作
	拉式	L	用拉杆操作，有自振和自动复位两种
	万向操纵杆式	W	操纵杆能以任何方向进行操作
复位性	自复按钮		外力释放后，按钮依靠弹簧作用恢复原位
	自持按钮		按钮内装有自持用电磁机，构成机械机构，主要用于互通信号，一般为面板安装式
结构特征	一般式按钮		一般结构
	带灯按钮	D	按钮内装有信号灯，兼作信号指示
	紧急式按钮	J	一般有蘑菇头突出于外面，用于紧急时切断电源

LA25 系列按钮的型号意义如下：

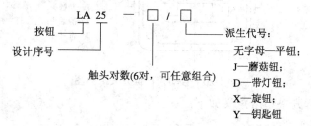

为标明按钮的作用，避免误操作，通常将按钮帽做成红、绿、黑、黄、蓝、白、灰等色。国标 GB 5226—85 对按钮颜色作了如下规定：

(1) "停止"和"急停"按钮必须是红色。当按下红色按钮时，必须使设备断电，停止工作。

(2) "启动"按钮的颜色是绿色。

(3) "启动"与"停止"交替动作的按钮必须是黑色、白色或灰色，不得用红色和绿色。

(4) "点动"按钮必须是黑色。

(5) "复位"按钮(如保护继电器的复位按钮)必须是蓝色。当复位按钮还有停止的作用时，则必须是红色。

按钮的图形符号和文字符号如图 1-19 所示。

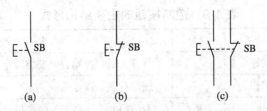

图 1-19　按钮的图形符号和文字符号

(a) 常开触头；(b) 常闭触头；(c) 复式触头

1.5.2　行程开关与接近开关

行程开关主要由三部分组成：操作机构、触头系统和外壳。行程开关种类很多，按其结构可分为直动式、滚轮式和微动式三种。直动式行程开关的动作原理与按钮相同。它的缺点是触头分合速度取决于生产机械的移动速度，当移动速度低于 0.4 m/min 时，触头分断太慢，易受电弧烧损。为此，应采用有弹簧机构瞬时动作的滚轮式行程开关。滚轮式行程开关和微动式行程开关的结构与工作原理这里不再介绍。图 1-20 所示为直动式行程开关的结构。

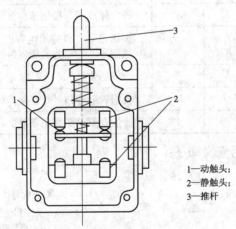

1—动触头；
2—静触头；
3—推杆

图 1-20　直动式行程开关结构图

LXK3 系列行程开关型号意义如下：

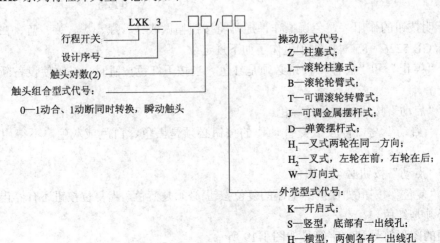

LXW5 系列行程开关的型号意义如下：

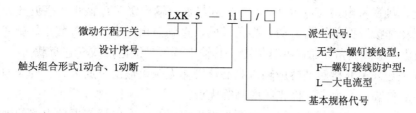

在 LXW5 系列行程开关的型号中，各基本规格代号的含义如下：

Z—推杆柱塞型；　　　　N1—铰链杠杆型；　　　　D1—短弹簧柱塞型；

N2—铰链短杠杆型；　　　M—面板安装柱塞型；　　　G1—铰链滚轮杠杆型；

Q1—面板安装滚轮柱塞型；　　　G2—铰链滚轮短杠杆型；

Q2—面板安装十字形滚轮柱塞型；　　　G3—铰链滚轮中杠杆型；

行程开关的图形符号和文字符号如图 1-21 所示。

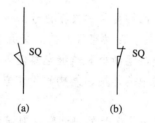

图 1-21　行程开关的图形符号和文字符号

(a) 常开触头；(b) 常闭触头

　　接近开关近年来获得了广泛的应用，它是靠移动物体与接近开关的感应头接近时，使其输出一个电信号，故又称为无触头开关。在继电接触器控制系统中应用时，接近开关输出电路要驱动一个中间继电器，由其触头对继电接触器电路进行控制。

　　接近开关分为电容式和电感式两种，电感式的感应头是一个具有铁氧体磁芯的电感线圈，故只能检测金属物体的接近。常用的型号有 LJ1、LJ2 等系列。图 1-22 所示为 LJ2 系列晶体管接近开关电路原理图，由图可知，电路由三极管 VT_1、振荡线圈 L 及电容器 C_1、C_2、C_3 组成电容三点式高频振荡器，其输出经由 VT_2 级放大，经 VD_3、VD_4 整流成直流信号，加到三极管 VT_5 的基极，晶体管 VT_6、VT_7 构成施密特电路，VT_8 级为接近开关的输出电路。

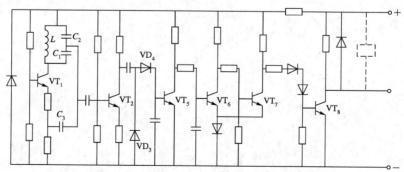

图 1-22　LJ2 系列晶体管接近开关电路原理图

当开关附近没有金属物体时，高频振荡器谐振，其输出经由 VT_2 放大并整流成直流，使 VT_2 导通，施密特电路 VT_6 截止，VT_7 饱和导通，输出级 VT_8 截止，接近开关无输出。

当金属物体接近振荡线圈 L 时，振荡减弱，直到停止，这时 VT_5 截止，施密特电路翻转，VT_7 截止，VT_8 饱和导通，亦有输出。其输出端可带继电器或其它负载。

接近开关是采用非接触型感应输入和晶体管作无触头输出及放大开关构成的开关，其线路具有可靠性高、寿命长、操作频率高等优点。

电容式接近开关的感应头只是一个圆形平板电极，这个电极与振荡电路的地线形成一个分布电容，当有导体或介质接近感应头时，电容量增大而使振荡器停振，输出电路发出电信号。由于电容式接近开关既能检测金属，又能检测非金属及液体，因而在国外应用得十分广泛，国内也有 LXI15 系列和 TC 系列等产品。

习 题

1-1 写出下列电器的作用、图形符号和文字符号：
熔断器 组合开关 按钮开关 自动空气开关 交流接触器 热继电器 时间继电器

1-2 在电动机的控制线路中，熔断器和热继电器能否相互代替？为什么？

1-3 简述交流接触器在电路中的作用、结构和工作原理。

1-4 如何选择熔断器？

1-5 时间继电器 JS7 的原理是什么？如何调整延时范围？画出图形符号并解释各触点的动作特点。

1-6 电动机的启动电流大，启动时热继电器应不应该动作？为什么？

第2章 机床基本控制线路

电气控制线路是由各种有触点的接触器、按钮、行程开关等按不同的连接方式组合而成的,其作用是实现对电力拖动系统的启动、正/反转、制动、调速和保护,满足生产工艺要求,实现生产过程的自动化。

不同生产机械的电气控制设备有不同的电气控制线路,这些控制线路无论是简单还是复杂,一般均是由一些基本控制环节组成的,在分析线路原理和判断其故障时,一般都是从基本控制环节入手的。因此,掌握基本电气控制线路,对生产机械整个电气控制线路的工作原理分析及维修有着重要的意义。

2.1 电气控制线路的图形符号、文字符号及绘制原则

电气控制线路是用导线将电动机、电器、仪表等电气元件按一定的要求和方式联系起来,并能实现某种功能的电气线路,为了设计、研究分析、安装维修时阅读方便,需要用统一的工程语言,即用图的形式来表示。在图上用不同的图形符号来表示各种电器元件,用不同的文字符号来进一步说明图形符号所代表的电气元件的名称、用途、主要特征及编号等。因此,电气控制线路图应根据简单易懂的原则,采用统一规定的图形符号、文字符号和标准画法来进行绘制。

2.1.1 常用电气设备图形符号及文字符号

电气控制线路图中,各种电气元件的图形符号和文字符号必须按照统一的国家标准来绘制。为便于掌握引进的先进技术和先进设备,加强国际间的交流,国家标准局颁布了GB 4728—1984《电气图用符号》、GB 6988—1987《电气制图》和GB 7159—1987《电气技术中的文字符号制定通则》。规定从1990年1月1日起,电气控制线路中的图形和文字符号必须符合最新的国家标准。一些常用的电气图形符号和文字符号如表2-1所示。

2.1.2 电气控制线路图绘制原则

生产机械电气控制线路常用电气控制原理图、接线图和布置图来表示。

1. 电气控制线路原理图的绘制、识读原则

电气控制线路原理图是根据生产机械运动形式对电气控制系统的要求,采用国家统一规定的电气图形符号和文字符号,按照电气设备和电器的工作顺序,详细表示电路、设备或成套装置的全部组成和连接关系,而不考虑其实际位置的一种简图。

表 2-1　电气控制线路中常用图形符号和文字符号表

名称	图形符号 (GB4728—1984)	文字符号 (GB7159—1987)	名称	图形符号 (GB4728—1984)	文字符号 (GB7159—1987)
交流发电机		GA	接地的 一般符号		E
交流电动机		MA	保护接地		PE
三相笼型 异步电动机		MC	接机壳 或接地板	或	PU
三相绕线型 异步电动机		MW	单极控 制开关		SA
直流发电机		GD	三极控 制开关		SA
直流电动机		MD	隔离开关		QS
直流伺 服电动机		SM	三极隔 离开关		QS
交流伺 服电动机		SM	负荷开关		QS
直流测 速发电机		TG	三极负 荷开关		QS
交流测 速发电机		TG	断路器		QF
步进电动机		TG	三极 断路器		QF
双绕组 变压器	或	T	电压互 感器线圈	或	TV

名称	图形符号 (GB4728—1984)	文字符号 (GB7159—1987)	名称	图形符号 (GB4728—1984)	文字符号 (GB7159—1987)
位置开关 常开触点		SQ	欠压继 电器线圈	$U<$	KV
位置开关 常闭触点		SQ	通电延 时线圈		KT
做双向机 械操作的 位置开关		SQ	断电延 时线圈		KT
常开按钮	E-\	SB	延时闭合 常开触点	或	KT
常闭按钮	E-7	SB	延时断开 常开触点	或	KT
复合按钮	E-	SB	延时闭合 常闭触点	或	KT
交流接 触器线圈		KM	延时断开 常闭触点	或	KT
接触器 常开触点		KM	热继电 器热元件		FR
接触器 常闭触点		KM	热继电器 常闭触点		FR
中间继 电器线圈		KA	熔断器		FU
中间继电 器常开触点		KA	电磁铁	或	YA
中间继电 器常闭触点		KA	电磁 制动器		YB

名称	图形符号 (GB4728—1984)	文字符号 (GB7159—1987)	名称	图形符号 (GB4728—1984)	文字符号 (GB7159—1987)
过流 继电器		KA	电磁 离合器		YC
电流表	A	PA	照明灯	⊗	EL
			信号灯		HL
电压表	V	PV	二极管		V
电度表	kWh	PJ	NPN 晶体管		V
晶闸管		V	PNP 晶体管		V
可拆 卸端子	⊘	X	端子	◯	X
电流 互感器	或	TA	控制电 路用电 源整流器		VC
电阻器		R	电抗器	或	L
电位器		RP			
压敏电阻	*U*	RV			
电容器 一般符号	或	C	极性 电容器	+ 或 +	C
电铃		B	蜂鸣器		B

电气控制线路原理图能充分表达电气设备和电器的用途、作用和工作原理，是电气线路安装、调试和维修的理论依据。电气控制原理图一般分电源电路、主电路和辅助电路三部分绘制。

1) 绘制电气控制原理图的基本原则

(1) 电源电路画成水平线，三相交流电源相序 L1、L2、L3 自上而下依次画出，中线 N 和保护地线 PE 依次画在相线之下。直流电源的"＋"端画在上边，"－"端画在下边。电源开关要水平画出。

(2) 主电路是指受控的动力装置及控制、保护电器的支路等，它由主熔断器、接触器的主触头、热继电器的热元件以及电动机等组成。主电路通过的电流是电动机的工作电流，电流较大。主电路图要画在电路图的左侧并垂直于电源电路。

(3) 辅助电路一般包括控制主电路工作状态的控制电路、显示主电路工作状态的指示电路、提供机床设备局部照明的照明电路等。它由主令电器的触头、接触器线圈及辅助触头、继电器线圈及触头、指示灯和照明灯等组成。辅助电路通过的电流都较小，一般不超过 5 A。画辅助电路图时，辅助电路要跨接在两相电源线之间，一般按照控制电路、指示电路和照明电路的顺序依次垂直画在主电路图的右侧，且电路中与下边电源线相连的耗能元件(如接触器和继电器的线圈、指示灯、照明灯等)要画在电路图的下方，而电器的触头要画在耗能元件与上边电源线之间。为读图方便，一般应按照自左至右、自上而下的排列来表示操作顺序。

(4) 电气控制原理图中，各电器的触头位置都按电路未通电或电器未受外力作用时的常态位置画出。分析原理时，应从触头的常态位置出发。

(5) 电气控制原理图中，不画各电器元件实际的外形图，而采用国家统一规定的电气图形符号画出。

(6) 电气控制原理图中，同一电器的各元件不按它们的实际位置画在一起，而是按其在线路中所起的作用分画在不同的电路中，但它们的动作却是相互关联的，因此，必须标注相同的文字符号。若图中相同的电器较多，则需要在电器文字符号后面加注不同的数字以示区别，如 KM1、KM2 等。

(7) 画电气控制原理图时，应尽可能减少线条和避免线条交叉。对有直接电联系的交叉导线，连接点要用小黑圆点表示；无直接电联系的交叉导线则不画小黑圆点。

(8) 电气控制原理图采用电路编号法，即对电路中的各个接点用字母或数字编号。编号时应注意以下两点：

① 主电路在电源开关的出线端按相序依次编号为 U11、V11、W11。然后按从上至下、从左至右的顺序，每经过一个电器元件后，编号要递增，如 U12、V12、W12，U13、V13、W13……单台三相交流电动机(或设备)的三根引出线按相序依次编号为 U、V、W。对于多台电动机引出线的编号，为了不致引起误解和混淆，可在字母前用不同的数字加以区别，如 1 U、1 V、1 W，2 U、2 V、2 W……

② 辅助电路编号按"等电位"原则从上至下、从左至右的顺序用数字依次编号，每经过一个电器元件后，编号要依次递增。控制电路编号的起始数字必须是 1，其它辅助电路编号的起始数字依次递增 100，如照明电路编号从 101 开始，指示电路编号从 201 开始等。

2) 图面区域的划分

电气原理图下方一般用方框加上 1、2、3 等数字给图区编号,这样既可以方便检索电气线路,也可以方便阅读分析,另外还可以避免遗漏。原理图的上方应注明对应区域中元件或电路的功能,如"电源开关及保护"等,这样可使读者清楚地知道某个元件或某部分电路的功能,以利于理解整个电路的工作原理。

3) 符号位置的索引

符号位置的索引采用图号、页次和图区编号的组合索引法,索引代号的组成如下:

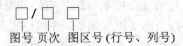

图号 页次 图区号(行号、列号)

当某图仅有一页图样时,只写图号和图区的行、列号,在只有一个图号、多页图样时,图号可省略,而元件的相关触点只出现在一张图样上时,只标出图区号(无行号时,只写列号)。

电气原理图中,接触器和继电器线圈与触点的从属关系应用附图表示,即在原理图中相应线圈的下方给出触点的图形符号,并在其下面注明相应触点的索引代号,对未使用的触点用"×"表明,有时也可采用省去触点图形符号的表示法。

对于接触器 KM,附图中各栏的含义如下:

左 栏	中 栏	右 栏
主触点所在区号	辅助常开(动合)触点所在图区号	辅助常闭(动断)触点所在图区号

对于继电器 KT 或 KA,附图中各栏的含义如下(有时接触器也类似采用):

左 栏	右 栏
常开(动合)触点所在图区号	常闭(动断)触点所在图区号

2.接线图的绘制、识读原则

接线图是根据电气设备和电器元件的实际位置和安装情况绘制的,只用来表示电气设备和电器元件的位置、配线方式和接线方式,而不明显表示电气动作原理,主要用于安装接线、线路的检查维修和故障处理。

绘制、识读接线图时应遵循以下原则:

(1) 接线图中一般示出如下内容:电气设备和电器元件的相对位置、文字符号、端子号、导线号、导线类型、导线截面积、屏蔽和导线绞合等。

(2) 所有的电气设备和电器元件都按其所在的实际位置绘制在图纸上,且同一电器的各元件根据其实际结构,使用与电路图相同的图形符号画在一起,并用点画线框上,其文字符号以及接线端子的编号应与电路图中的标注一致,以便对照检查接线。

(3) 接线图中的导线有单根导线、导线组(或线扎)、电缆等之分,可用连续线和中断线来表示。凡导线走向相同的可以合并,用线束来表示,到达接线端子板或电器元件的连接点时再分别画出。在用线束来表示导线组、电缆等时可用加粗的线条表示,在不引起误解的情况下也可采用部分加粗。另外,导线及管子的型号、根数和规格应标注清楚。

3. 布置图的绘制、识读原则

布置图是根据电器元件在控制板上的实际安装位置，采用简化的外形符号(如正方形、矩形、圆形等)绘制的一种简图。它不表达各电器的具体结构、作用、接线情况以及工作原理，主要用于电器元件的布置和安装。图中各电器的文字符号必须与电路图和接线图的标注一致。

在实际中，电路图、接线图和布置图要结合起来使用。

2.2 三相笼型异步电动机的全压启动控制线路

三相异步电动机全压启动是指启动时加在电动机定子绕组上的电压为额定电压，也称直接启动。直接启动的优点是电气设备少、线路简单、维修量小。

2.2.1 单向点动、连续运行控制线路

小容量笼型异步电动机，或在变压器容量允许的情况下，笼型异步电动机可采用全压直接启动。

1. 单向点动控制线路

电动机的单向点动控制线路如图 2-1 所示。

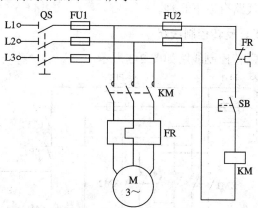

图 2-1 单向点动控制线路

当电动机需要单向点动控制时，先合上电源开关 QS，然后按下启动按钮 SB，接触器 KM 线圈获电吸合，KM 动合主触头闭合，电动机 M 启动运转；当松开按钮 SB 时，接触器 KM 线圈断电释放，KM 动合主触头断开，电动机 M 断电停转。

2. 单向连续运行控制线路

电动机的单向连续运行控制线路如图 2-2 所示。

合上电源开关 QS 后，按下启动按钮 SB2，接触器 KM 的线圈获电吸合，KM 的三个主触头闭合，电动机 M 获电启动，同时又使与 SB2 并联的一个动合触头闭合，这个触头叫自锁触头；松开 SB2，控制线路通过 KM 自锁触头使线圈仍保持获电吸合。如需电动机停转，只需按一下停止按钮 SB1，则接触器 KM 的线圈断电释放，KM 的三个主触头断开，电动机 M 断电停转，同时 KM 自锁触头也断开，所以松开 SB1 后，接触器 KM 线圈不再

获电，需重新启动。

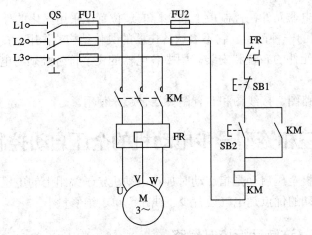

图 2-2   单向连续运行控制线路

2.2.2   正、反转控制线路

生产机械往往要求运动部件可以向正、反两个方向运行，这就要求电动机可以正、反转控制。将接至电动机三相电源进线中的任意两相对调接线，即可达到反转的目的。常用的电动机正、反转控制线路有以下几种。

1. 接触器联锁的正、反转控制线路

接触器联锁的正、反转控制线路如图 2-3 所示。

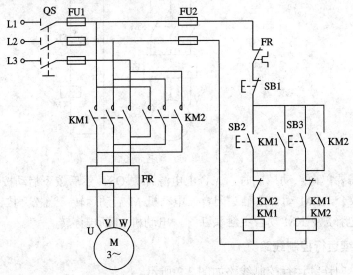

图 2-3   接触器联锁正、反转控制线路

图中采用两个接触器，即正转用的接触器 KM1 和反转用的接触器 KM2。当接触器 KM1 的三个主触头接通时，三相电源按 L1、L2、L3 的相序接入电动机。而当 KM2 的三个主触头接通时，三相电源按 L3、L2、L1 的相序接入电动机，电动机即反转。

线路要求接触器 KM1 和 KM2 不能同时通电，否则它们的主触头就会一起闭合，将造成 L1 和 L3 两相电源短路。为此在 KM1 和 KM2 线圈各支路中相互串联一个动断辅助触头，以保证接触器 KM1 和 KM2 的线圈不会同时通电。KM1 和 KM2 这两个动断辅助触头在线路中所起的作用称为联锁作用，这两个动断触头就叫联锁触头。

正转控制时，按下按钮 SB2，接触器 KM1 线圈获电吸合，KM1 主触头闭合，电动机 M 启动正转，同时 KM1 自锁触头闭合，联锁触头断开。

反转控制时，必须先按停止按钮 SB1，接触器 KM1 线圈断电释放，KM1 主触头复位，电动机 M 断电；然后按下反转按钮 SB3，接触器 KM2 线圈获电吸合，KM2 主触头闭合，电动机 M 启动反转，同时 KM2 自锁触头闭合，联锁触头断开。

这种线路的缺点是操作不方便，因为要改变电动机的转向，必须先按停止按钮 SB1，再按反转按钮 SB3 才能使电动机反转。

2．按钮联锁的正、反转控制线路

按钮联锁的正、反转控制线路如图 2-4 所示。

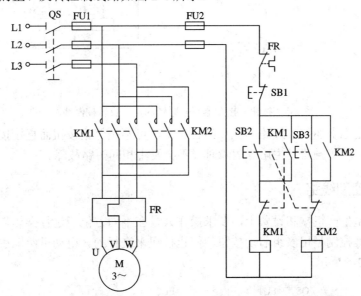

图 2-4　按钮联锁的正、反转控制线路

按钮联锁的正、反转控制线路的动作原理与接触器联锁的正、反转控制线路的动作原理基本相似，但由于采用了复合按钮，因此当按下反转按钮 SB3 时，使接在正转控制线路中的 SB3 动断触头先断开，正转接触器 KM1 线圈断电，KM1 主触头断开，电动机 M 断电；接着按钮 SB3 的动合触头闭合，使反转接触器 KM2 线圈获电，KM2 主触头闭合，电动机 M 反转启动。这样既保证了正、反转接触器 KM1 和 KM2 断电，又可不按停止按钮 SB1 而直接按反转按钮 SB3 进行反转启动。由反转运行转换成正转运行的情况，也只需直接按正转按钮 SB2 即可。

这种线路的优点是操作方便，缺点是易产生短路故障。如正转接触器 KM1 主触头发生熔焊故障而分断不开时，若按反转按钮 SB3 进行换向，则会产生短路故障。

3．按钮、接触器复合联锁的正、反转控制线路

按钮、接触器复合联锁的正、反转控制线路如图 2-5 所示。

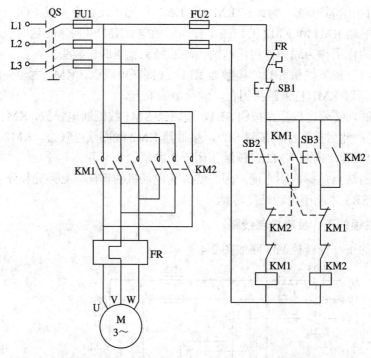

图 2-5　按钮、接触器复合联锁的正、反转控制线路

这条线路是把上述两条线路的优点结合起来，可不按停止按钮而直接按反转按钮进行反向启动，当正转接触器发生熔焊故障时又不会发生相间短路故障。

2.2.3　多地控制线路

在一些大型生产机械和设备上，要求操作人员在不同方位能进行操作与控制，即实现多地控制。多地控制是用多组启动按钮、停止按钮来进行的。电动机两地启动和两地停止控制线路如图 2-6 所示。

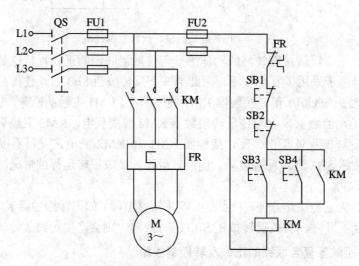

图 2-6　两地启动和两地停止控制线路

电动机若要两地启动，可按按钮 SB3 或 SB4；若要两地停止，可按按钮 SB1 或 SB2。

2.2.4 顺序控制线路

在生产实际中，有些设备往往要求其上的多台电动机按一定顺序实现其启动和停止，如磨床上的电动机就要求先启动液压泵电动机，再启动主轴电动机。顺序启停控制线路常见的有顺序启动、同时停止控制线路和顺序启动、顺序停止控制线路。两台电动机顺序控制线路如图 2-7 所示。

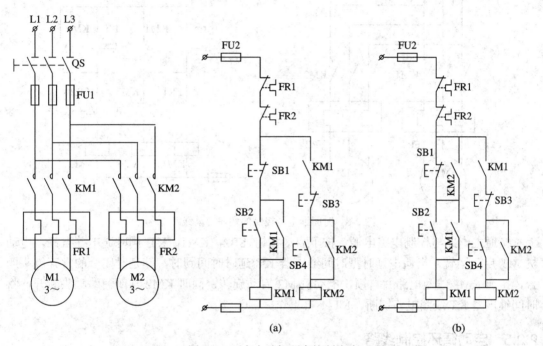

图 2-7 两台电动机顺序控制线路

(a) 按顺序启动线路；(b) 按顺序启动、停止的控制线路

图中左方为两台电动机顺序控制主电路，右方为两种不同控制要求的控制电路，其中图 2-7(a)为按顺序启动线路图，合上主线路与控制线路电源开关，按下启动按钮 SB2，KM1 线圈通电并自锁，电动机 M1 启动旋转，同时串在 KM2 控制线路中的 KM1 常开辅助触头也闭合。此时再按下按钮 SB4，KM2 线圈通电并自锁，电动机 M2 启动旋转。如果先按下 SB4 按钮，则因 KM1 常开辅助触头断开，电动机 M2 不可能先启动，这样便达到了按顺序启动 M1、M2 的目的。

生产机械除要求按顺序启动外，有时还要求按一定顺序停止，如传送带运输机，前面的第一台运输机先启动，再启动后面的第二台；停车时应先停第二台，再停第一台，这样才不会造成物料在皮带上的堆积和滞留。图 2-7(b)为按顺序启动与停止的控制线路，为此在图 2-7(a)的基础上，将接触器 KM2 的常开辅助触头并接在停止按钮 SB1 的两端，这样，即使先按下 SB1，由于 KM2 线圈仍通电，电动机 M1 不会停转，只有按下 SB3，电动机 M2 先停后，再按下 SB1 才能使 M1 停转，达到先停 M2，后停 M1 的要求。

在许多顺序控制中，要求有一定的时间间隔，此时往往用时间继电器来实现。时间继电器控制的顺序启动线路如图 2-8 所示。

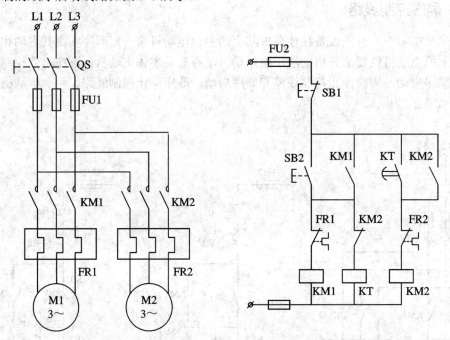

图 2-8　时间继电器控制的顺序启动线路

接通主电路与控制电路电源，按下启动按钮 SB2，KM1、KT 同时通电并自锁，电动机 M1 启动运转，当通电延时型时间继电器 KT 延时时间到时，其延时闭合的常开触头闭合，接通 KM2 线圈电路并自锁，电动机 M2 启动旋转，同时 KM2 常闭辅助触头断开，将时间继电器 KT 线圈电路切断，KT 不再工作。

2.2.5　自动循环控制线路

利用生产机械运动的行程来控制其自动往返的方法叫自动循环控制。它是通过位置开关来实现的，其控制线路如图 2-9 所示。

合上电源开关 QS，按下启动按钮 SB2，接触器 KM1 线圈获电，KM1 主触头闭合，电动机 M 正转启动，工作台向左移动；当工作台移动到一定位置时，挡铁 1 碰撞位置开关 SQ1，使 SQ1 动断触头断开，接触器 KM1 线圈断电释放，电动机 M 断电。与此同时，位置开关 SQ1 的动合触头闭合，接触器 KM2 线圈获电吸合，使电动机 M 反转，拖动工作台向右移动，此时位置开关 SQ1 虽复位，但接触器 KM2 的自锁触头已闭合，故电动机 M 继续拖动工作台向右移动；当工作台向右移动到一定位置时，挡铁 2 碰撞位置开关 SB2，SQ2 的动断触头断开，接触器 KM2 线圈断电释放，电动机 M 断电，同时 SQ2 的动合触头闭合，接触器 KM1 线圈又获电动作，电动机 M 又正转，拖动工作台向左移动。如此周而复始，工作台在预定的距离内自动往复运动。

图中位置开关 SQ3 和 SQ4 安装在工作台往复运动的极限位置上，以防止位置开关 SQ1 和 SQ2 失灵，工作台继续运动而造成事故。

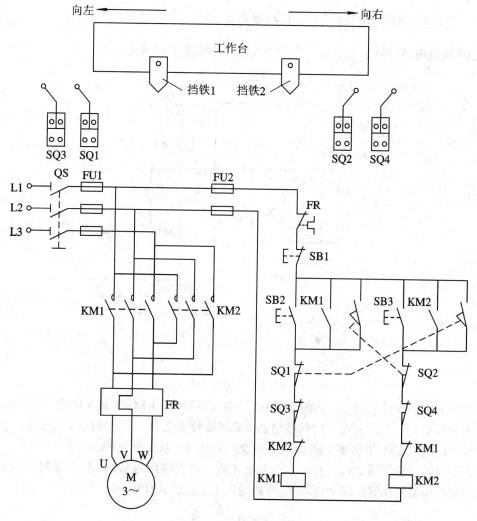

图 2-9　自动循环控制线路

2.3　三相笼型异步电动机降压启动控制线路

　　由于大容量笼型异步电动机的启动电流很大，会引起电网电压降低，使电动机转矩减小，甚至启动困难，而且还要影响同一供电网络中其它设备的正常工作，因此其启动电流应限制在一定的范围内，不允许直接启动。

　　电动机可否直接启动，应根据启动次数、电网容量和电动机的容量来决定。一般规定是：启动时供电母线上的电压降落不得超过额定电压的 10%～15%；启动时变压器的短时过载不超过最大允许值，即电动机的最大容量不超过变压器容量的 20%～30%。

　　由于机床电动机一般都为空载启动，所以常采用降低电动机定子绕组电压的方法来减少启动电流。常用的有定子绕组串电阻、Y–△降压、自耦变压器降压及软启动器的使用。

2.3.1 定子绕组串电阻降压启动控制线路

用时间继电器控制串电阻降压启动的控制线路如图 2-10 所示。

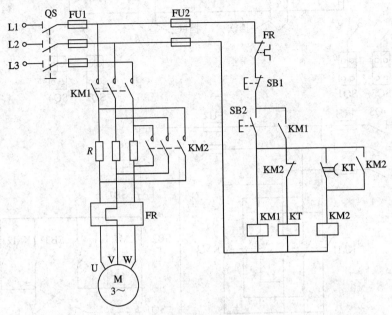

图 2-10 串电阻降压启动控制线路

当按下启动按钮 SB2 后，接触器 KM1 线圈获电吸合，KM1 主触头闭合，电动机 M 串电阻 R 降压启动。与此同时，时间继电器 KT 线圈获电吸合，启动电阻 R 被短接，电动机全压运行，同时 KM2 的动断触头断开，时间继电器 KT 线圈断电释放。

启动电阻一般采用 ZX1、ZX2 系列铸铁电阻。铸铁电阻功率大，能够通过较大电流，三相所串的电阻值相等。启动电阻 R_{st} 可通过以下近似公式计算：

$$R_{st} = 190 \times \frac{I_{st} - I'_{st}}{I_{st} \cdot I'_{st}}$$

式中，I_{st}——未串电阻前的启动电流(A)，一般 $I_{st} = (4 \sim 7)I_N$；

$\quad\quad I'_{st}$——串联电阻后的启动电流(A)，一般 $I'_{st} = (2 \sim 3)I_N$；

$\quad\quad I_N$——电动机的额定电流(A)。

启动电阻的功率为

$$P = \left(\frac{1}{4} \sim \frac{1}{3}\right)I'^2_{st}R_{st}$$

若启动电阻仅在电动机的两相定子绕组中串联，则选用的启动电阻应为上述计算值的 1.5 倍。

2.3.2 星形−三角形降压启动控制线路

星形−三角形(Y−△)降压启动适用于正常工作时定子绕组作三角形连接的电动机。由于其方法简便且经济，因此使用较普遍，但启动转矩只有全压启动的 1/3，故只适用于空载或轻载启动。Y−△启动器有 QX3−13、QX3−30、QX3−55、QX3−125 型等。QX3 后面的数字是指额定电压为 380 V 时，启动器可控制电动机的最大功率值(以 kW 计量)。

QX3−13 型 Y−△自动启动器的控制线路如图 2-11 所示。

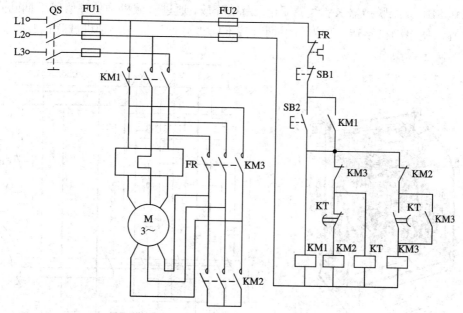

图 2-11 QX3−13 型 Y−△自动启动器控制线路

合上电源开关 QS 后，按下启动按钮 SB2，接触器 KM1 和 KM2 线圈同时获电吸合，KM1 和 KM2 主触头闭合，电动机 Y 形连接降压启动。与此同时，时间继电器 KT 的线圈同时获电，KT 动断触头延时断开，KM2 线圈断电释放，KT 动合触头延时闭合，KM3 线圈获电吸合，电动机定子绕组由 Y 形连接自动换接成△形连接。时间继电器 KT 的触头延时动作时间由电动机的容量及启动时间的快慢等决定。

2.3.3 自耦变压器降压启动控制线路

1. 手动控制

常用的 QJ3 型手动控制补偿器如图 2-12 所示。

这种补偿器的内部构造主要包括自耦变压器、保护装置、触点系统和手柄操作机构等部分。自耦变压器的抽头电压有两种，分别是电源电压的 65%和 80%(出厂时一般接在 65%)，可根据电动机启动时负载的大小选择不同的启动电压。线圈是按短时通电设计的，只能连续带负载启动两次。保护装置有过载保护和欠电压保护两种。过载保护采用热继电器 FR；欠电压保护采用失电压脱扣器 KV，它由线圈、铁芯和衔铁组成。电源电压正常时，线圈获电，使铁芯吸住衔铁，当电源电压降低到额定电压的 85%以下或热继电器 FR 的动断触头断开时，失电压脱扣器的衔铁释放，电动机断电停转。触头系统包括两排静触头和一排动触头，全部装在补偿器的下部，浸在绝缘油内，绝缘油必须保持清洁，防止水分和杂物的掺入，以保证有良好的绝缘性能。当手柄向前推到"启动"位置时，动触头与上面一排启动静触头接触，电源通过三条软金属带、动触头、启动静触头、自耦变压器接至电动机，使电动机降压启动。当电动机转速上升到一定值时，将手柄向后迅速扳到"运行"位置，此时动触头与下面一排运行静触头接触，电源通过三条软金属带、动触头、运行静触头、热继电器热元件至电动机，使电动机在额定电压下全压运行。如要停止，只要按下按钮 SB，失压脱扣器 KV 线圈断电，衔铁释放，通过机械机构使补偿器手柄回到"停止"位置，使电动机停转。如误将手柄直接推向"运行"位置，则机械联锁装置就会挡住手柄，防止误操作。

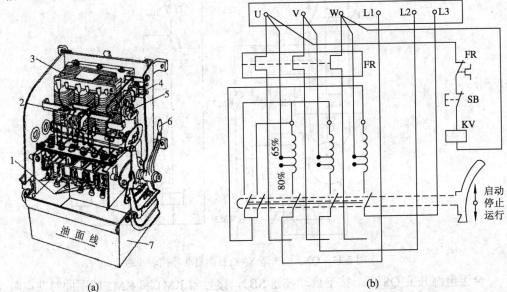

(a)　　　　　　　　　　　　　　　　(b)

1—启动静触头；2—热继电器；3—自耦变压器；4—欠压保护装置；5—停止按钮；6—操纵手柄；7—油箱

图 2-12　QJ3 型手动控制补偿器

2. 时间继电器自动控制线路

时间继电器自动控制串自耦变压器降压启动控制线路如图 2-13 所示。

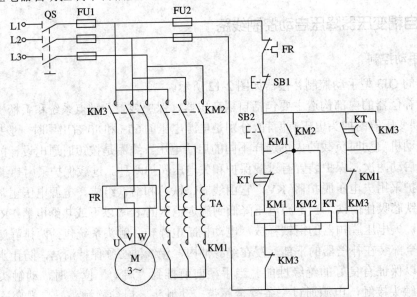

图 2-13　时间继电器控制串自耦变压器降压启动线路

当按下启动按钮 SB2 时，接触器 KM1 和 KM2 的线圈先后获电吸合，电动机串自耦变压器降压启动，时间继电器 KT 线圈与 KM2 线圈同时获电吸合，KT 动断触头延时断开，KM1 线圈断电释放，KT 动合触头延时闭合，KM3 线圈获电吸合，电动机脱离自耦变压器进入全压运行。串接在按钮 SB2 和接触器 KM2 的自锁触头之间的 KM1 动合触头的作用是：当接触器 KM1 线圈断路时，按下 SB2 按钮，KM3 线圈不会获电，即电动机不会全压启动。

2.3.4 软启动器及其使用

在一些对启动要求较高的场合，可选用软启动装置，它采用电子启动方法。其主要特点是具有软启动和软停车功能，启动电流、启动转矩可调节，另外还具有电动机过载保护等功能。软启动器是一种新型的节能产品，它与国内目前仍大量使用的传统的采用继电控制方式的磁控式、自耦式及星/三角转换等降压启动器相比，具有十分显著的优点，并且是这些传统的降压启动器的理想换代产品。

1. 软启动器的工作原理

图 2-14 所示为软启动器内部原理示意图。

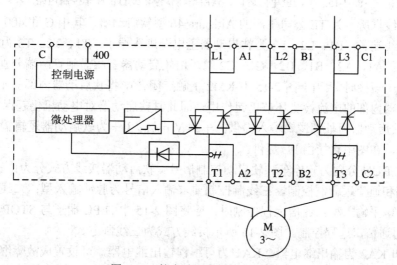

图 2-14　软启动器内部原理示意图

软启动器主要由三相交流调压电路和控制电路构成。它利用晶闸管的移相控制原理，通过控制晶闸管的导通角来改变其输出电压，达到通过调压方式来控制启动电流和启动转矩的目的。控制电路按预定的不同启动方式，通过检测主电路的反馈电流，控制其输出电压，可以实现不同的启动特性。最终软启动器输出全压，电动机全压运行。由于软启动器为电子调压并对电流进行检测，因此还具有对电动机和软启动器本身的热保护、限制转矩和电流冲击，以及对三相电源不平衡、缺相、断相等的保护功能，可实时检测并显示如电流、电压、功率因数等参数。

2. 三相异步电动机用软启动器启动

对三相异步电动机用软启动器控制，我们结合一个具体的例子来进行介绍。图 2-15 所示为三相异步电动机单向运行、软启动、软停车或自由停车控制电路。

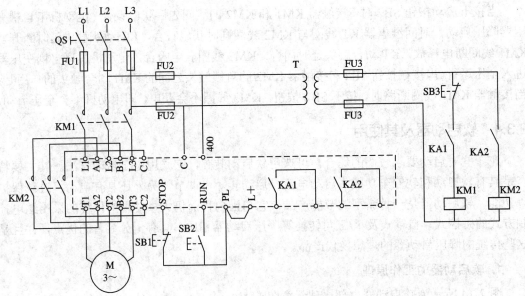

图 2-15　电动机单向运行、软启动、软停车或自由停车控制电路

图中虚线框所示为 TE 公司生产的 Altistart 46 型软启动器，其中 C 和 400 为软启动器控制电源进线端子；L1、L2、L3 为软启动器主电源进线端子；T1、T2、T3 为连接电动机的出线端子；A1、A2，B1、B2，C1、C2 端子由软启动器三相晶闸管两端分别直接引出。当相对应端子短接时(相当于图 2-15 中 KM2 主触点闭合)，将软启动器内部晶闸管短接，但此时软启动器内部的电流检测环节仍起作用，即此时软启动器对电动机仍起保护作用。

PL 是软启动器为外部逻辑输入提供的 +24 V 电源；L+ 为软启动器逻辑输出部分的外接输入电源，在图中直接由 PL 提供。

STOP、RUN 分别为软停车和软启动控制信号。软启动器接线方式分为：三线制控制、二线制控制和通信远程制控制。三线制控制要求输入信号为脉冲输入型；二线制控制要求输入信号为电平输入型；通信远程控制时，应将图 2-15 中的 PL 端子与 STOP 端子短接，启/停要使用通信口远程控制。图 2-15 所示接线方式为三线制方式。

KA1 和 KA2 为输出继电器。KA1 为可编程输出继电器，可设置成故障继电器或隔离继电器。若 KA1 设置为故障继电器，则当软启动器控制电源上电时，KA1 闭合；当软启动器发生故障时，KA1 断开。若 KA1 设置为隔离继电器，则当软启动器接收到启动信号时，KA1 闭合；当软启动器停车结束时或软启动器在自由停车模式下接收到停车信号时，或在运行过程中出现故障时，KA1 断开。KA2 为启动结束继电器，当软启动器完成启动过程后，KA2 闭合；当软启动器接收到停车信号或出现故障时，KA2 断开。

图 2-15 中的 KA1 设置为隔离继电器，此软启动器接有进线接触器 KM1。当开关 QS 合上，按下启动按钮 SB2 时，KA1 触点闭合，KM1 线圈获电，使其主触点闭合，主电源加入软启动器。电动机按设定的启动方式启动，当启动完成后，内部继电器 KA2 常开触点闭合，KM2 接触器线圈获电，主触点闭合，电动机转由旁路接触器 KM2 触点供电，同时将软启动器内部的功率晶闸管短接，电动机通过接触器由电网直接供电。但此时过载、过流等保护仍起作用，KA1 相当于保护继电器的触点。若发生过载、过流，则切断接触器 KM1 电源，软启动器进线电源切除。因此电动机不需要额外增加过载保护电路。正常停车

时，按停车按钮 SB1，停止指令使 KA2 触点断开，旁路接触器 KM2 跳闸，使电动机软停车，软停车结束后，KA1 触点断开。按钮 SB3 为紧急停车用，当按下 SB3 时，接触器 KM1 线圈断电，软启动器内部的 KA1 和 KA2 触点复位，使 KM2 线圈断电，电动机自由停转。

由于带有旁路接触器，因而该电路有如下优点：在电动机运行时可以避免软启动器产生的谐波；软启动器仅在启动和停车时工作，可以避免长期运行使晶闸管发热，延长了使用寿命。

2.4　三相笼型异步电动机制动控制线路

三相笼型异步电动机从定子绕组断电到完全停转，由于惯性总要运转一段时间，为了适应某些生产机械工艺要求，缩短辅助时间，提高生产效率，要求电动机能制动停转。

三相笼型异步电动机的制动方法一般有机械制动和电气制动两种。在电气制动中又有反接制动、能耗制动和再生发电制动。反接制动和能耗制动能够使电动机转子速度迅速下降至零，而再生发电制动是异步电动机运行在再生发电状态，它只能起到限制电动机转子速度过高的作用，即不让转子的转速比同步转速高出很多。再生发电制动常用于桥式起重机控制线路中。

2.4.1　机械制动控制线路

机械制动是利用机械装置使电动机在切断电源后迅速停转的方法。较普遍应用的机械制动装置是电磁制动器。电磁制动器的控制线路如图 2-16 所示。

当按下启动按钮 SB2 后，接触器 KM 线圈获电吸合，KM 主触头闭合，电磁抱闸 YB 线圈获电，衔铁被铁芯吸合，通过弹簧杠杆使闸瓦松开闸轮，电动机启动运转。

按下停止按钮 SB1，接触器 KM 线圈断电释放，电动机和电磁抱闸线圈同时断电，衔铁释放，在弹簧拉力的作用下，使闸瓦紧紧抱着闸轮，电动机迅速被制动停转。这种制动是在电源切断时才起制动作用的，在起重机械上被广泛采用，当重物提升到一定高度时，线路突然发生故障，

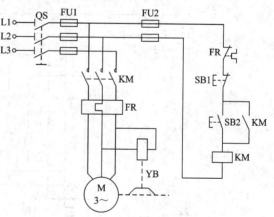

图 2-16　电磁制动控制线路

电动机和电磁制动器线圈会同时断电，闸瓦立即抱住闸轮，使电动机迅速制动停转，从而防止重物掉下发生事故。

图 2-17 是图 2-16 的改进线路，其改进目的是为了避免电动机在启动前瞬间存在的异步电动机的短路运行工作状态，即当按下启动按钮 SB2 后，接触器 KM1 线圈获电吸合，电磁抱闸线圈 YB 先获电，闸瓦松开闸轮，然后接触器 KM2 线圈获电吸合，电动机 M 才获电启动。

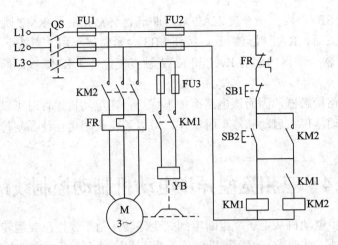

图 2-17　改进后的电磁制动器控制线路

2.4.2　电气制动控制线路

电动机的电气制动就是指电动机产生一个与电动机实际旋转方向相反的电磁转矩，即制动转矩，使电动机迅速制动停转。电气制动常用的有反接制动和能耗制动。

1. 反接制动控制线路

1) 单向启动反接制动控制线路

单向启动反接制动控制线路如图 2-18 所示。

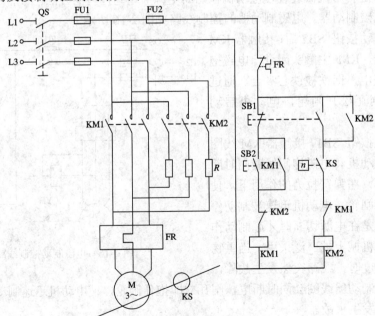

图 2-18　单向启动反接制动控制线路

启动时，合上电源开关 QS，按下启动按钮 SB2，接触器 KM1 线圈获电吸合，KM1 主触头闭合，电动机启动运转。当电动机转速升高到一定数值时，速度继电器 KS 的动合触头闭合，为反接制动做准备。

停车时，按停止按钮 SB1，接触器 KM1 线圈断电释放，而接触器 KM2 线圈获电吸合，KM2 主触头闭合，串入电阻 R 进行反接制动，电动机产生一个反向电磁转矩(即制动转矩)，迫使电动机转速迅速下降，当转速降至 100 r/min 以下时，速度继电器 KS 的动合触头断开，接触器 KM2 线圈断电释放，电动机断电，防止了反向启动。

由于反接制动时转子与定子旋转磁场的相对速度为 N、+n，接近于两倍的同步转速，所以定子绕组中流过的反接制动电流相当于全压直接启动时电流的两倍。为此，一般 10 kW 以上的电动机采用反接制动时，应在主电路中串接一定的电阻，以限制反接制动电流。这个电阻称为反接制动电阻，用 R 表示。反接制动电阻有三相对称和二相不对称两种接法。

2) 可逆启动反接制动控制线路

电动机可逆启动反接制动的控制线路如图 2-19 所示。

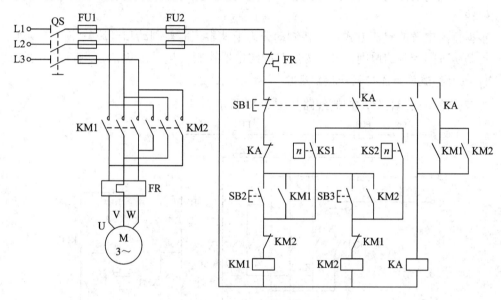

图 2-19   可逆启动反接制动控制线路

图中 KS1 和 KS2 分别为速度继电器正、反两个方向的两副动合触头，当按下 SB2 时，电动机正转，速度继电器的动合触头 KS2 闭合，为反接制动作准备；同样，当按下 SB3 时，电动机反转，速度继电器的另一副动合触头 KS1 闭合，为反接制动作准备。应该注意的是，KS1 和 KS2 两副动合触头接线时不能接错，否则就达不到反接制动的目的。

在这个控制线路中还使用了中间继电器 KA，是为了防止当操作人员因工作需要用手转动工件或主轴时，电动机带动速度继电器也随之旋转；当转速达到一定值时，速度继电器的动合触头闭合，电动机会获得电源冲动，造成工伤事故。

可逆启动反接制动控制线路的工作原理如下：合上电源开关 QS。正转启动时，按下启动按钮 SB2，接触器 KM1 线圈获电吸合，KM1 主触头闭合，电动机 M 正转启动。当电动机转速高于 120 r/min 时，速度继电器的动合触头 KS2 闭合，为反接制动作准备。

要正转停止并进行反接制动时，可按下停止按钮 SB1，接触器 KM1 线圈先断电释放，电动机 M 断电惯性运转；同时中间继电器 KA 线圈获电，KA 的动合触头闭合，使接触器 KM2 线圈通过 KS2 触头获电吸合，KM2 主触头闭合，电动机 M 反接制动。当电动机 M

转速低于 100 r/min 时，速度继电器的动合触头 KS2 断开，接触器 KM2 和中间继电器 KA 的线圈先后断电释放，正转停转制动。串联在 SB1 边上的 KA 动断触头的作用是反接制动时，断开反向启动的自锁回路，防止反接制动后电动机反向启动。

反转启动时的反接制动工作原理与上相似。

反接制动的优点是设备简单，调整方便，制动迅速，价格低；缺点是制动冲击大，制动能量损耗大，不宜频繁制动，且制动准确度不高，故适用于制动要求迅速、系统惯性较大、制动不频繁的场合。

2. 能耗制动控制线路

能耗制动的方法就是在电动机脱离三相交流电源后，在定子绕组中加入一个直流电源，以产生一个恒定的磁场，惯性运转的转子绕组切割恒定磁场产生制动转矩，使电动机迅速制动停转。

根据直流电源的整流方式，能耗制动分为半波整流能耗制动和全波整流能耗制动。根据能耗制动时间控制的原则，又分为用时间继电器控制的与用速度继电器控制的两种。

1) 半波整流单向能耗制动控制线路

半波整流单向能耗制动控制线路如图 2-20 所示。

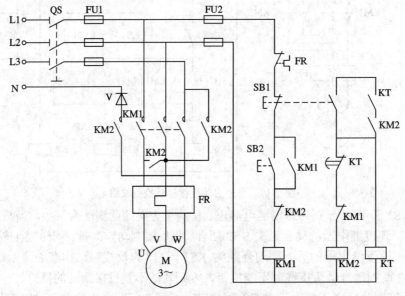

图 2-20　半波整流单向能耗制动控制线路

启动时合上电源开关 QS，按下启动按钮 SB2，接触器 KM1 线圈获电吸合，KM1 主触头闭合，电动机 M 启动。

停止制动时，按下停止按钮 SB1，接触器 KM1 线圈断电释放，KM1 主触头断开，电动机 M 断电惯性运转，同时接触器 KM2 和时间继电器 KT 线圈获电吸合，KM2 主触头闭合，电动机 M 进行半波能耗制动。能耗制动结束后，KT 动断触头延时断开，KM2 线圈断电释放，KM2 主触头断开半波整流脉动直流电源。

图 2-20 中时间继电器 KT 瞬时闭合动合触头的作用是考虑当 KT 线圈断线或机械卡阻故障时，电动机在按下停止按钮 SB1 后能迅速制动，同时避免三相定子绕组长期通入半波

整流的脉动直流电流。半波整流可逆能耗制动控制线路如图 2-21 所示。

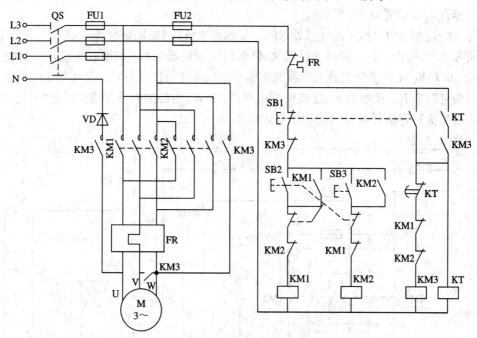

图 2-21　半波整流可逆能耗制动控制线路

半波整流可逆能耗制动控制线路的工作原理与半波整流单向能耗制动的相似。

2) 全波整流能耗制动控制线路

(1) 按时间原则控制的全波整流能耗制动控制线路。用时间继电器控制的单向全波整流能耗制动控制线路如图 2-22 所示。

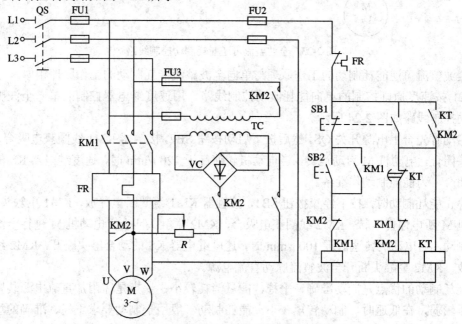

图 2-22　全波整流单向能耗制动控制线路

启动控制时，合上电源开关 QS，按下启动按钮 SB2，接触器 KM1 线圈获电吸合，KM1 主触头闭合，电动机 M 启动运转。

停止能耗制动时，按下停止按钮 SB1，接触器 KM1 线圈断电释放，KM1 主触头断开，电动机 M 断电惯性运转；同时接触器 KM2 和时间继电器 KT 的线圈获电吸合，KM2 主触头闭合，电动机 M 定子绕组通入全波整流脉动直流电进行能耗制动。能耗制动结束后，KT 动断触头延时断开，接触器 KM2 线圈断电释放，KM2 主触头断开全波整流脉动直流电源。

全波整流可逆能耗制动的控制线路如图 2-23 所示。

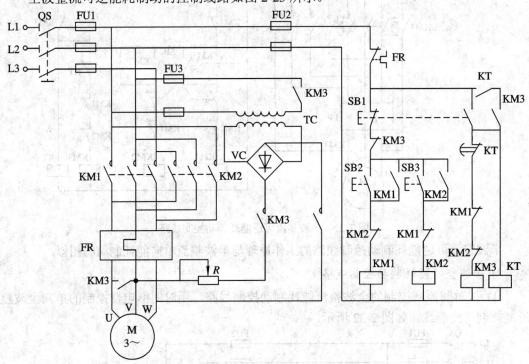

图 2-23　全波整流可逆能耗制动控制线路

全波整流可逆能耗制动的工作原理与单向全波整流能耗制动的工作原理相似。

(2) 按速度原则控制的单向能耗制动控制线路。用速度继电器控制的单向全波整流能耗制动控制线路如图 2-24 所示。

启动时先合上电源开关 QS，然后按下启动按钮 SB2，接触器 KM1 线圈获电吸合，KM1 主触头闭合，电动机 M 启动运转，当电动机转速高于 120 r/min 时，速度继电器 KS 的动合触头闭合，为能耗制动作准备。

停止能耗制动时，按下停止按钮 SB1，接触器 KM1 线圈断电释放，KM1 主触头断开，电动机 M 断电惯性运转；KM2 线圈获电吸合，KM2 主触头闭合，电动机 M 进行全波整流能耗制动。当电动机转速低于 100 r/min 时，速度继电器 KS 的动合触头断开，KM2 线圈断电释放，KM2 主触头断开全波整流脉动直流电源。

能耗制动的优点是制动准确、平稳，能量消耗较小；缺点是需附加直流电源装置，制动力量较弱，在低速时，制动转矩较小。能耗制动一般用于制动要求平稳、准确的场合，如磨床、龙门刨床等控制线路。

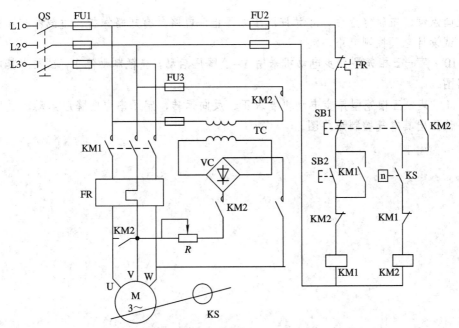

图 2-24　速度继电器控制单向全波整流能耗制动控制线路

习　题

2-1　何谓电气控制原理图? 绘制电气控制原理图的原则是什么?

2-2　电动机点动控制与连续运转控制在电气控制线路上有何不同? 其关键控制环节是什么?

2-3　采用接触器与按钮控制的电路是如何实现电动机的失电压与欠电压保护的?

2-4　何谓互锁控制? 实现电动机正、反转互锁控制的方法有哪两种? 为何有了机械互锁还要有电气互锁?

2-5　指出电动机正、反转控制电路中的控制关键环节是哪两处?

2-6　设计一个电气控制电路: 三台三相笼型异步电动机启动时, M1 先启动, 经 10 s 后 M2 自行启动, 运行 30 s 后 M1 停止并同时使 M3 自行启动, 再运行 30 s 后其余两台电动机全部停止。

2-7　有两台电动机 M1 和 M2, 试按如下要求设计控制电路:

(1) M1 启动后, M2 才能启动。

(2) M2 要求能用电器实现正、反转连续控制, 并能单独停车。

(3) 有短路、过载、欠压保护。

2-8　某水泵由一台三相笼型异步电动机拖动, 按下列要求设计电气控制线路:

(1) 采用 Y–△ 降压启动。

(2) 三处控制电动机的启动和停止。

(3) 有短路、过载、欠压保护。

2-9　某机床有主轴电动机 M1、液压泵电动机 M2, 均采用直接启动, 生产工艺要求: 主轴必须在液压泵开动后方可启动; 主轴要求正、反向运转, 但为测试方便, 要求能实现正、反向点动；主轴停止后，才允许液压泵停止；电路具有短路保护、过载保护及失电压保护。试设计电气控制电路。

2-10　某一三相笼型异步电动机采用 Y-△降压启动，能耗制动停车，试画出其电气控制电路图。

2-11　某一三相笼型异步电动机要求正、反向运转，定子串电阻降压启动，反接制动停车，试画出其电气控制线路图。

第3章 典型机床控制线路

现代的生产机械种类繁多，其拖动控制方式和控制线路也各不相同。在一般机械加工厂，金属切削机床约占全部设备的60%以上，是机械制造业中的主要技术装备。本章通过典型生产机械电气控制线路的实例分析，进一步阐述电气控制系统的分析方法与步骤，使读者掌握分析电气控制线路图的方法，培养读图能力，并掌握几种典型生产机械控制线路的原理，了解电气控制系统中机械、液压与电气控制配合的意义，为电气控制的设计、安装、调试、维护打下基础。下面对车床、平面磨床、铣床等典型生产机械的电气控制进行分析和讨论。

3.1 电气控制线路分析基础

1. 电气控制线路分析的内容

分析电气控制线路的目的是通过对各种技术资料的分析来掌握电气控制线路的工作原理、技术指标、使用方法、维护要求等。分析的具体内容和要求主要包括以下方面：

(1) 设备说明书。设备说明书由机械(包括液压部分)与电气两部分组成。通过阅读这两部分说明书，了解以下内容：

① 设备的结构，主要技术指标，机械传动、液压气动的工作原理。

② 电动机规格型号、安装位置、用途及控制要求。

③ 设备的使用方法，各操作手柄、开关、旋钮等的位置及作用。

④ 与机械、液压部分直接关联的电器(行程开关、电磁阀、电磁离合器等)的位置、工作状态及作用。

(2) 电气控制原理图。电气控制原理图由主电路、控制电路、辅助电路、保护及联锁环节以及特殊控制电路等部分组成，这是控制线路分析的中心内容。

(3) 电气设备的总装接线图。阅读分析总装接线图，可以了解系统的组成分布状况，各部分的连接方式，主要电气部件的布置、安装要求，导线和穿线管的规格型号等。

(4) 电器元件布置图与接线图。在电气设备调试、检修中可通过布置图和接线图方便地找到各种电器元件和测试点，进行必要的调试、检测和维修保养。

2. 电气控制原理图阅读分析的方法与步骤

(1) 分析主电路。从主电路入手，根据每台电动机和执行电器的控制要求去分析各电动机和执行电器的控制内容，如电动机的启动、转向、调速、制动等。

(2) 分析控制电路。根据主电路中各电动机和执行电器的控制要求，逐一找出控制电器中的控制环节，将控制线路按功能不同划分成若干个局部控制线路来进行分析。分析控制电路的最基本的方法是"查线读图法"。

"查线读图法"即从执行电路——电动机着手，从主电路上看有哪些元件的触点，根据其组合规律看控制方式。然后在控制电路中由主电路控制元件的主触点的文字符号找到有关的控制环节及环节间的联系。接着从按启动按钮开始，查对线路，观察元件的触点信号是如何控制其它控制元件动作的，再查看这些被带动的控制元件触点是如何控制执行电器或其它控制元件动作的，并随时注意控制元件的触点使执行电器有何运动或动作，进而驱动被控机械有何运动。

(3) 分析辅助电路。辅助电路包括执行元件的工作状态显示、电源显示、参数测定、照明和故障报警等部分，其中很多部分是由控制电路中的元件控制的，所以在分析时，还要回过头来对照控制电路进行分析。

(4) 分析联锁与保护环节。生产机械对于安全性、可靠性有很高的要求，因此，在控制线路中还设置了一系列电气保护和必要的电气联锁，在分析中不能遗漏。

(5) 分析特殊控制环节。在某些控制线路中，还设置了一些相对独立的特殊环节。如产品记数装置、自动检测系统等。这些部分往往自成一个小系统，可参照上述分析过程，并灵活运用所学过的电子技术、检测与转换等知识逐一分析。

(6) 总体检查。逐步分析了局部电路的工作原理及控制关系之后，还必须用"集零为整"的方法，检查整个控制线路，看是否有遗漏。特别要从整体角度去检查和理解各控制环节之间的联系，才能清楚地理解每个电气元器件的作用、工作过程及主要参数。

3.2 CA6140 车床控制线路分析

车床是一种应用最为广泛的金属切削机床，主要用来车削外圆、内圆、端面、螺纹和定型表面。

3.2.1 机床结构及工作要求

CA6140 卧式车床主要由床身、主轴变速箱、挂轮箱、进给箱、溜板箱、溜板与刀架、尾架、光杠和丝杆等部分组成，如图 3-1 所示。

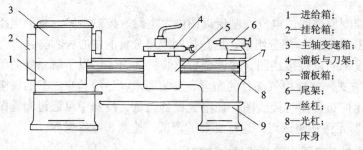

1—进给箱；
2—挂轮箱；
3—主轴变速箱；
4—溜板与刀架；
5—溜板箱；
6—尾架；
7—丝杠；
8—光杠；
9—床身

图 3-1　CA6140 车床结构示意图

车床的主运动为工件的旋转运动，它是由主轴通过卡盘或顶尖带动工件旋转的，其承担车削加工时的主要切削功率。车削加工时，应根据被加工工件材料、刀具种类、工件尺寸、工艺要求等来选择不同的切削速度。这就要求主轴能在相当大的范围内调速，对于普通车床，调速范围一般大于70。车削加工时，一般不要求反转，但在加工螺纹时，为避免乱扣，要反转退刀，再纵向进刀继续加工，这就要求主轴能正、反转。

车床的进给运动是溜板带动刀架的纵向或横向直线运动,其运动方式有手动和机动两种。加工螺纹时,工件的旋转速度与刀具的进给速度应有严格的比例关系。为此,车床溜板箱与主轴箱之间通过齿轮传动来连接,而主运动与进给运动由一台电动机拖动。

车床的辅助运动有刀架的快速移动、尾架的移动以及工件的夹紧与放松等。

3.2.2　电力拖动及控制要求

CA6140 车库的电力拖动及控制要求如下:

(1) 主拖动电动机一般选用三相笼型感应电动机,为满足调速要求,采用机械变速。

(2) 为车削螺纹,主轴要求正、反转。一般车床主轴正、反转由拖动电动机正、反转来实现;当主拖动电动机容量较大时,主轴的正、反转则靠摩擦离合器来实现,电动机只作单向旋转。

(3) 一般中、小型车床的主轴电动机均采用直接启动。当电动机容量较大时,常用 Y–△降压启动。停车时为实现快速停车,一般采用机械或电气制动。

(4) 车削加工时,刀具与工件温度高,需用切削液进行冷却。为此,设有一台冷却泵电动机,拖动冷却泵输出冷却液,且与主轴电动机有着联锁关系,即冷却泵电动机应在主轴电动机启动后方可选择启动与否;当主轴电动机停止时,冷却泵电动机便立即停止。

(5) 为实现溜板箱的快速移动,由单独的快速移动电动机拖动,采用点动控制。

(6) 电路应具有必要的保护环节和安全可靠的照明和信号指示。

3.2.3　电气控制线路分析

CA6140 型车床的电气控制原理图如图 3-2 所示。

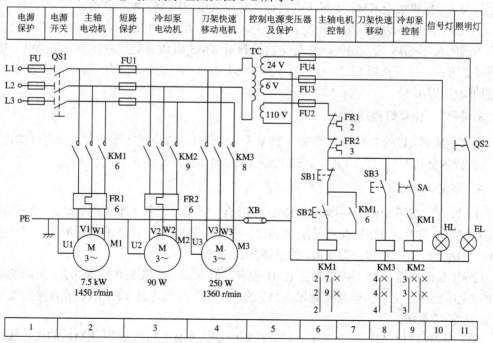

图 3-2　CA6140 型车床电气控制线路

在电气控制原理图下方的方框中加上 1、2、3 等数字的目的是给原理图进行区域编号，这样既可以方便检索电气线路，也可以方便阅读分析，另外还可以避免遗漏。原理图的上方注明了对应区域中元件或电路的功能。在电气控制原理图下面，用附图表示出了接触器线圈与触点的从属关系，具体分析方法可参考第 2 章所讲述的图面区域的划分和符号位置的索引。

1. 主电路分析

主电路共有三台电动机。M1 为主轴电动机(处于原理图的 2 区)，带动主轴旋转和刀架作进给运动；M2 为冷却泵电动机(处于原理图的 3 区)；M3 为刀架快速移动电动机(处于原理图的 4 区)。

三相交流电源通过转换开关 QS1 引入，主轴电动机 M1 由接触器 KM1 控制启动，热继电器 FR1 为主轴电动机 M1 的过载保护。

冷却泵电动机 M2 由接触器 KM2 控制启动，热继电器 FR2 为冷却泵电动机 M2 的过载保护。

接触器 KM3 用于控制刀架快速移动电动机 M3 的启动，因快速移动电动机 M3 是短期工作，故可不设过载保护。

2. 控制电路分析

控制变压器 TC 二次侧输出 110 V 电压作为控制回路的电源。

(1) 主轴电动机 M1 的控制。按下启动按钮 SB2，接触器 KM1 的线圈获电吸合，KM1 主触头闭合，主轴电动机 M1 启动。按下停止按钮 SB1，电动机 M1 停转。

(2) 冷却泵电动机 M2 的控制。只能在接触器 KM1 获电吸合，主轴电动机 M1 启动后，合上开关 SA 使接触器 KM2 线圈获电吸合，冷却泵电动机 M2 才能启动。

(3) 刀架快速移动电动机的控制。刀架快速移动电动机 M3 的启动是由安装在进给操纵手柄顶端的按钮 SB3 来控制的，它与交流接触器 KM3 组成点动控制环节。将操纵手柄扳到所需的方向，按下按钮 SB3，接触器 KM3 获电吸合，电动机 M3 获电启动，刀架就向指定方向快速移动。

3. 照明、信号灯电路分析

控制变压器 TC 的二次侧分别输出 24 V 和 6 V 电压，作为机床照明灯和信号灯的电源。EL 为机床的低压照明灯，由开关 QS2 控制；HL 为电源的信号灯。

4. 常见故障分析

(1) 按启动按钮 SB2 后，接触器 KM1 没吸合，主轴电动机 M1 不能启动。故障的原因必定在控制电路中，可依次检查熔断器 FU2、热继电器 FR1 和 FR2 的动断触头、停止按钮 SB1、启动按钮 SB2 和接触器 KM1 的线圈是否断路。

(2) 按启动按钮 SB2 后，接触器 KM1 吸合，但主轴电动机 M1 不能启动。故障的原因必定在主电路中，可依次检查接触器 KM1 的主触头、热继电器 FR1 的热元件接线端及三相电动机的接线端。

(3) 主轴电动机 M1 不能停车。这类故障的原因多数是因接触器 KM1 的铁芯极面上的油污使上下铁芯不能释放或 KM1 的主触头发生熔焊或停止按钮 SB1 的动断触头短路所致。

(4) 刀架快速移动电动机 M3 不能启动。按点动按钮 SB3，接触器 KM3 没吸合，则故障必定在控制线路中，这时可用万用表进行分阶电压测量，依次检查热继电器 FR1 和 FR2 的动断触头、点动按钮 SB3 及接触器 KM3 的线圈是否断路。

3.3 M7120 平面磨床控制线路分析

磨床是用砂轮的周边或端面进行加工的精密机床。磨床的种类很多，按其工作性质可分为外圆磨床、内圆磨床、平面磨床、工具磨床以及一些专用磨床，如螺纹磨床、齿轮磨床、球面磨床、花键磨床、导轨磨床与无心磨床等。其中尤以平面磨床应用最为普遍。下面以 M7120 平面磨床为例进行分析与讨论。

3.3.1 机床结构及工作要求

M7120 平面磨床的结构如图 3-3 所示，它由床身、工作台、电磁吸盘、砂轮箱、滑座、立柱等部分组成。

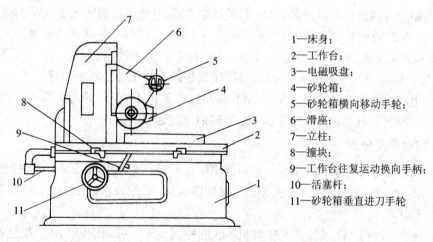

1—床身；
2—工作台；
3—电磁吸盘；
4—砂轮箱；
5—砂轮箱横向移动手轮；
6—滑座；
7—立柱；
8—撞块；
9—工作台往复运动换向手柄；
10—活塞杆；
11—砂轮箱垂直进刀手轮

图 3-3 M7120 平面磨床的结构示意图

工作台上装有电磁吸盘，用以吸持工件，工作台在床身的导轨上作往返(纵向)运动，主轴可在床身的横向导轨上作横向进给运动，砂轮箱可在立柱导轨上作垂直运动。

平面磨床的主运动是砂轮的旋转运动。工作台的纵向往返运动为进给运动，砂轮箱升降运动为辅助运动。工作台每完成一次纵向进给，砂轮自动作一次横向进给，当加工完整个平面以后，砂轮由手动作垂直进给。

3.3.2 电力拖动及控制要求

M7120 平面磨床的电力拖动及控制要求如下：

(1) M7120 型平面磨床采用分散拖动，液压泵电动机、砂轮电动机、砂轮箱升降电动机和冷却泵电动机全部采用普通笼型交流异步电动机。

(2) 磨床的砂轮、砂轮箱升降和冷却泵不要求调速，换向是通过工作台上的撞块碰撞床身上的液压换向开关来实现的。

(3) 为减少工件在磨削加工中的热变形并冲走磨屑，以保证加工精度，需用冷却液。

(4) 为适应磨削小工件的需要，也为工件在磨削过程中受热能自由伸缩，采用电磁吸盘来吸持工件。

(5) 砂轮电动机、液压泵电动机和冷却泵电动机只要求单方向旋转，并采用直接启动。

(6) 砂轮箱升降电动机要求能正、反转，并且冷却泵电动机与砂轮电动机具有顺序联锁关系，在砂轮电动机启动后才可开动冷却泵电动机。

(7) 应具有完善的保护环节，如电动机的短路保护、过载保护、零压保护、电磁吸盘欠压保护等。

(8) 有必要的信号指示和局部照明。

3.3.3　电气控制线路分析

M7120 型平面磨床电气控制原理图如图 3-4 所示。图区的说明类似 CA6140 型车床。

1. 主电路分析

主电路中有四台电动机。其中 M1 是液压泵电动机(处于原理图的 2 区)，实现工作台的往复运动；M2 是砂轮电动机(处于原理图的 3 区)，带动砂轮转动来完成磨削加工工件；M3 是冷却泵电动机(处于原理图的 4 区)，为砂轮磨削工件时输送冷却液；M4 是砂轮升降电动机(处于原理图的 5 区)，用于磨削过程中调整砂轮与工件之间的位置。

四台电动机的工作要求是：M1、M2 和 M3 只要求单向旋转即可，而 M4 要求能正、反转控制，冷却泵电动机 M3 要求在 M2 运转后才能运转。

2. 控制电路分析

(1) 液压泵电动机 M1 的控制。如电源电压正常时，欠压继电器 KV 的线圈吸合，KV 动合触头闭合；然后按下启动按钮 SB3，接触器 KM1 线圈获电，KM1 主触头闭合，电动机 M1 启动。

(2) 砂轮电动机 M2 及冷却泵电动机 M3 的控制。按下启动按钮 SB5，接触器 KM2 线圈获电吸合，砂轮电动机 M2 启动，冷却泵电动机 M3 也同时启动。

(3) 砂轮升降电动机 M4 的控制。因为砂轮升降是短时运转，所以采用点动控制。当按下点动按钮 SB6 后，接触器 KM3 线圈获电吸合，电动机 M4 启动正转，砂轮上升；上升到所需的位置，松开 SB6，KM3 线圈断电释放，电动机 M4 停转，砂轮停止上升。

当按下点动按钮 SB7 后，接触器 KM4 线圈获电吸合，电动机 M4 启动反转，砂轮下降；当砂轮下降到所需的位置时，松开 SB7，KM4 线圈断电释放，电动机 M4 停转，砂轮停止下降。

(4) 电磁吸盘的控制。电磁吸盘的控制电路包括整流装置、控制装置和保护装置三个部分。

整流装置由变压器 TC 和单相桥式全波整流器 VC 组成，供给 110 V 直流电源。

控制装置由按钮 SB8、SB9、SB10 和接触器 KM5、KM6 等组成。

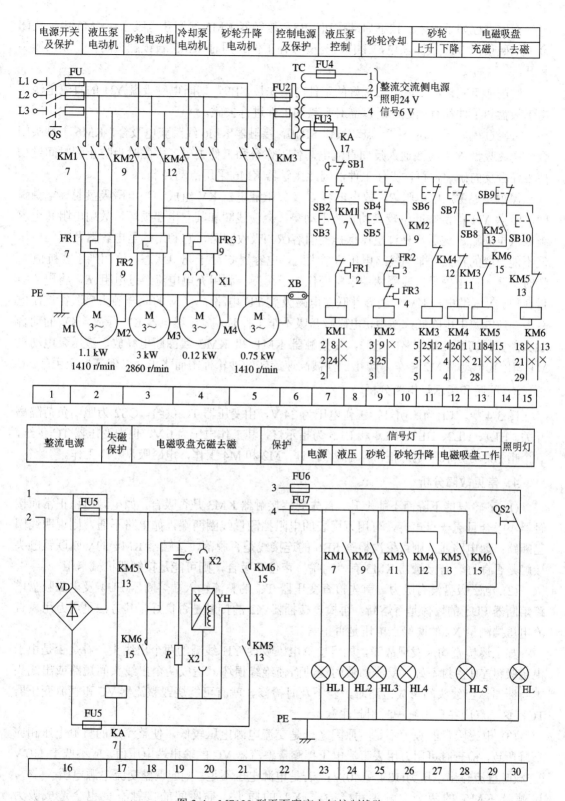

图 3-4　M7120 型平面磨床电气控制线路

充磁过程如下所述：按下启动按钮 SB8，接触器 KM5 线圈获电吸合，KM5 主触头闭合，电磁吸盘 YH 线圈获电，工作台充磁吸住工件。同时 KM5 自锁触头闭合，联锁触头断开。

磨削加工完毕，在取下加工好的工件时，先按 SB9，切断电磁吸盘 YH 的直流电源，由于吸盘和工件都有剩磁，所以需对吸盘和工件进行去磁。

去磁过程如下所述：按下点动按钮 SB10，接触器 KM6 线圈获电吸合，KM6 主触头闭合，电磁吸盘 YH 线圈通入反向直流电，使工作台和工件去磁。去磁时为防止因时间过长使工作台反向磁化，再次吸住工件，因此接触器 KM6 采用点动控制。

保护装置由放电电阻 R，放电电容 C 及欠压继电器 KV 组成。当电磁吸盘脱离电源瞬间，吸盘 YH 的两端产生较大的自感电动势，会使线圈和其它电器损坏，故用电阻和电容组成放电回路。这是一种过电压保护的阻容(RC)吸收回路，它利用的是电容器两端的电压值不能突变的特点，即当线路电压值增大时，电容器 C 处于充电状态，这相当于容抗值 X_c 瞬时下降，使电磁吸盘线圈两端电压变化趋于缓慢，利用充电电流经过电阻 R，将电磁能量释放。欠压继电器 KV 的线圈并联在电磁吸盘 YH 电路中，KV 的动合触头串联在控制电路中，当电源电压降低或断电，电磁吸盘吸不牢工件时，欠压继电器 KV 释放，KV 的动合触头断开，切断控制电路的电源，使接触器 KM1 和 KM2 线圈断电释放，液压泵电动机 M1 和砂轮电动机 M2 停车，防止工件被高速旋转的砂轮撞击而飞出，以保证安全生产。

3. 照明和指示灯电路分析

图 3-4 中，EL 为照明灯，工作电压为 24 V，由变压器 TC 供给，QS2 为照明负荷隔离开关。HL1、HL2、HL3、HL4 和 HL5 为指示灯，其工作电压为 6 V，也由变压器 TC 供给，五个指示灯分别表示电源正常，电动机 M1、M2 和 M4 工作，电磁吸盘 YH 工作。

4. 常见故障分析

(1) 砂轮只能下降而不能上升。首先观察接触器 KM3 是否吸合，如电源电压正常而接触器不吸合且无一点声音，可用万用表的电阻挡测量线圈两端，如电路不通，则说明线圈已断路；如电路通，则可依次检查 SB6 的连接线是否脱落，接触器 KM4 的动断联锁触头接触是否良好。若接触器 KM3 有"嗡嗡"声但不吸合，则可能是接触器机械卡阻。

(2) 电磁吸盘没有吸力。首先检查变压器 TC 的整流输入端熔断器 FU4 及电磁吸盘电路熔断器 FU5 的熔体是否熔断，再检查接插器 X2 的接触是否良好，其方法是用万用表直流电压挡测量 X2 的两触点电压是否正常。

如上述检查均未发现故障，则可检查电磁吸盘 YH 线圈的两个出线头，看是否是由于电磁吸盘 YH 密封不好，受冷却液的浸蚀而使绝缘损坏，造成两个出线头间短路或出线头本身断路。当线头间形成短路时，若不及时检修，就有可能烧毁整流器 VC 和整流变压器 TC，这一点应在日常维护时引起注意。

(3) 电磁吸盘的吸力不足。原因之一是交流电源电压较低，使整流后的直流电压相应下降所致，检查时可用万用表直流电压挡测量整流器 VC 的输出端电压值，应不低于 110 V (空载时直流输出电压为(130~140)V)，若是电源电压不足，则应调整交流电源电压。另外，接触器 KM5 的两个主触头和接插器 X2 的插头、插座间的接触不良也会造成吸力不足。

吸力不足的原因之二是整流电路的故障。电路中整流器 VC 是由四个桥臂组成的，若整流器是由硅二极管组成的，那么每臂就是一只硅二极管，如果有一个硅二极管或连接导线断路，就会造成某臂开路，这时直流输出电压将下降一半左右，从而使流过电磁吸盘的电流相应减小，引起吸力降低。检修时可测量直流输出电压有效值是否有下降一半的现象。用手触摸四个整流臂的温度也可判断是否有一臂断路，断路的一臂以及与它相对的另一臂由于没有电流流过，温度要比其余两臂低。

当断开电磁吸盘 YH 回路的一瞬间，线圈将产生很大的自感电动势，线路中会出现过电压，如吸收过电压的电阻 R 或电容 C 损坏，就有可能导致二极管击穿，若有一臂的二极管被击穿而形成短路，则与它相邻的另一桥臂的二极管也会因过流而很快损坏，变压器 TC 的二次侧绕组流过很大的短路电流，使熔断器 FU4 的熔体熔断。硅整流二极管损坏后应更换。

3.4　X62W 万能铣床控制线路分析

万能铣床是一种通用的多用途铣床，它可以用铣刀对各种零件进行平面、斜面、沟槽、齿轮及成型表面的加工，还可以加装万能铣头和圆工作台来铣切凸轮及弧形槽。由于这种铣床可以进行多种内容的加工，故称为万能铣床。

3.4.1　机床结构及工作要求

X62W 卧式万能铣床具有主轴转速高、调速范围宽、操作方便、工作台能自动循环加工等特点，其结构如图 3-5 所示。它主要由底座、床身、悬梁、刀杆支架、工作台、溜板和升降台等部分组成。

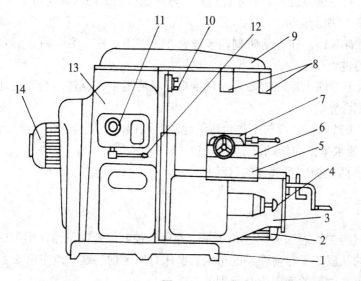

1—底座；
2—进给电动机；
3—升降台；
4—进给变速手柄及变速盘；
5—溜板；
6—转动部分；
7—工作台；
8—刀杆支架；
9—悬梁；
10—主轴；
11—主轴变速盘；
12—主轴变速手柄；
13—床身；
14—主轴电动机

图 3-5　X62W 卧式万能铣床结构示意图

铣刀装在与主轴连在一起的刀杆支架上，在床身的前面有垂直导轨，升降台沿其上下移动；在升降台上面的水平导轨上，装有可在平行于主轴轴线方向移动(横向移动)的溜板，在溜板上部转动部分的导轨上可作垂直于主轴轴线方向的移动(纵向移动)，这样，工作台上的工件就可以在六个方向(上、下、左、右、前、后)进给。

为了快速调整工件与刀具之间的相对位置，可以改变传动比，使工作台在六个方向上作快速移动。此外，由于转动部分相对于溜板可绕垂直轴线左、右转一个角度(通常为45°)，因此可以加工螺旋槽。工作台上还可以安装圆工作台以扩大铣削能力。

由上述可知，X62W 万能铣床的运动方式有：

主运动：铣刀的旋转。

进给运动：工作台在六个方向上的运动。

辅助运动：工作台在六个方向上的快速运动。

3.4.2　电力拖动及控制要求

X62W 万能铣床的电力拖动及控制要求如下：

(1) 铣床的主运动和进给运动之间没有速度比例协调的要求，各自采用单独的笼型异步电动机拖动。

(2) 为了能进行顺铣和逆铣加工，要求主轴能够实现正、反转。

(3) 为提高主轴旋转的均匀性，并消除铣削加工时的振动，主轴上装有飞轮，其转动惯量较大，因此要求主轴电动机有停车制动控制。

(4) 为适应加工的需要，主轴转速与进给速度应有较宽的调节范围。X62W 铣床采用机械变速的方法，为保证变速时齿轮易于啮合，减小齿轮端面的冲击，要求变速时有电动机瞬时冲动。

(5) 进给运动和主轴运动应有电气联锁。为了防止主轴未转动时，工作台将工件送进而损坏刀具或工件，进给运动要在铣刀旋转之后才能进行。为降低加工工件的表面粗糙度，加工结束必须在铣刀停转前停止进给运动。

(6) 在六个方向上运动要有联锁，在任何时刻，工作台在上、下、左、右、前、后六个方向上，只能有一个方向的进给运动。

(7) 为了适应工作台在六个方向上运动的要求，进给电动机应能正、反转。快速运动由进给电动机与快速电磁铁配合完成。

(8) 圆工作台运动只需一个转向，且要与工作台进给运动有联锁，不能同时进行。

(9) 冷却泵电动机 M3 只要求单方向转动。

(10) 为操作方便，应能在两处控制各部件的启动和停止。

3.4.3　电气控制线路分析

X62W 型万能铣床的电气控制原理图如图 3-6 所示。在电气控制原理图下面，用附图表示出的接触器线圈与触点的从属关系与前面讲的车床和磨床有所区别，这一点在第 2 章所讲述的图面区域的划分和符号位置的索引中有特别的说明。

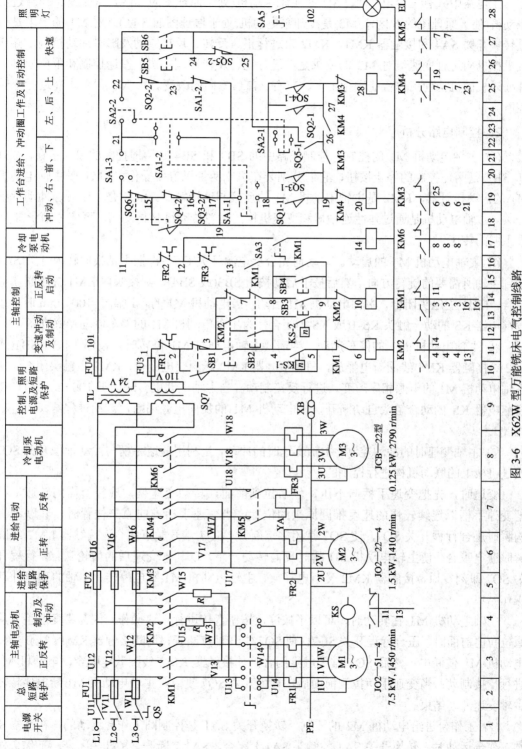

图3-6 X62W型万能铣床电气控制线路

1. 主电路分析

主电路中共有三台电动机。M1 是主轴电动机(处于原理图的 3 区)，M2 是工作台进给电动机(处于原理图的 6 区)，M3 是冷却泵电动机(处于原理图的 8 区)。对 M1 的要求是通过转换开关 SA4 和接触器 KM1、KM2 来进行正、反转、反接制动及瞬时冲动控制，并通过机械机构进行变速。对 M2 的要求是能进行正、反转控制及快、慢速控制和限位控制，并通过机械机构使工作台能进行上下、左右、前后方向的改变。对 M3 只要求能进行正转控制。

2. 控制电路分析

(1) 主轴电动机 M1 的控制。控制线路中的 SB3 和 SB4 是两地控制的启动按钮，SB1 和 SB2 是两地控制的停止按钮，它们分别装在机床两处以方便操作。KM1 是主轴电动机 M1 的启动接触器，KM2 是主轴电动机 M1 的反接制动接触器。SQ7 是主轴变速冲动行程开关。主轴电动机是通过弹性连轴器和变速机构的齿轮传动链来传动的，可使主轴获得 18 级不同的转速。

① 主轴电动机 M1 的启动。启动前先合上电源开关 QS，再把主轴换向转换开关 SA4 扳到主轴所需要的旋转方向，然后按下启动按钮 SB3(或 SB4)，则接触器 KM1 的线圈获电吸合，KM1 主触头闭合，主轴电动机 M1 启动。当电动机 M1 的转速高于 100 r/min 时，速度继电器 KS 的动合触头 KS-1(或 KS-2)闭合，为主轴电动机 M1 的停车制动做好准备。

② 主轴电动机 M1 的停车制动。当需要主轴电动机 M1 停转时，按停止按钮 SB1(或 SB2)，接触器 KM1 线圈断电释放，同时接触器 KM2 线圈获电吸合，KM2 主触头闭合，使主轴电动机 M1 的电源相序改变，进行反接制动。当主轴电动机转速低于 100 r/min 时，速度继电器 KS 的动合触头自动断开，使电动机 M1 的反向电源切断，制动过程结束，电动机 M1 停转。

③ 主轴变速时的冲动控制。主轴变速时的冲动，是利用变速手柄与冲动行程开关 SQ7 通过机械上的联动机构进行控制的。

变速时，先把变速手柄向下压，然后拉到前面，转动变速盘，选择所需的转速，再把变速手柄以连续较快的速度推回原来的位置；当变速手柄推向原来位置时，其联动机构瞬时压合行程开关 SQ7，使 SQ7 常闭触点断开，SQ7 常开触点闭合，接触器 KM2 线圈瞬时获电吸合，使主轴电动机 M1 瞬时反向转动一下，以利于变速后的齿轮啮合，行程开关 SQ7 即刻复原，接触器 KM2 又断电释放，主轴电动机 M1 断电停转，主轴的变速冲动操作结束。

主轴电动机 M1 在转动时，可以不按停止按钮直接进行变速操作，因为将变速手柄从原位拉向前面时，压合行程开关 SQ7，使 SQ7 常开触点断开，切断接触器 KM1 线圈电路，电动机 M1 便断电；然后 SQ7 常闭触点闭合，使接触器 KM2 线圈获电吸合，电动机 M1 进行反接制动；当变速手柄拉到前面后，行程开关 SQ7 复原，主轴电动机 M1 断电停转，主轴变速冲动结束。

(2) 工作台进给电动机 M2 的控制。转换开关 SA1 是控制圆工作台运动的，在不需要圆工作台运动时，转换开关 SA1 的触头 SA1-1 闭合，SA1-2 断开，SA1-3 闭合。工作台作进给运动时，转换开关 SA2-1 断开，SA2-2 闭合。工作台的运动方向有上、下、左、右、前、后六个方向。

① 工作台的上、下和前、后运动的控制。工作台的上下(升降)运动和前后(横向)运动完全是由"工作台升降与横向操纵手柄"来控制的。此操纵手柄有两个，分别装在工作台的左侧前方和后方，操纵手柄的联动机构与行程开关 SQ3 和 SQ4 相连接，行程开关装在工作台的左侧，前面一个是 SQ4，控制工作台的向上及向后运动；后面一个是 SQ3，控制工作台的向下及向前运动，此手柄有五个位置，如表 3-1 所示。

表 3-1　工作台升降及横向操纵手柄位置

手柄位置	工作台运动方向	离合器接通的丝杠	行程开关动作	接触器动作	电动机运转
向上	向上进给或快速向下	垂直丝杠	SQ3	KM3	M2 正转
向下	向下进给或快速向上	垂直丝杠	SQ4	KM4	M2 反转
向前	向前进给或快速向后	横向丝杠	SQ4	KM4	M2 反转
向后	向后进给或快速向前	横向丝杠	SQ3	KM3	M2 正转
中间	升降或横向进给停止				

此五个位置是联锁的，各方向的进给不能同时接通。当升降台运动到上限或下限位置时，床身导轨旁的挡铁和工作台底座上的挡铁撞动十字手柄，使其回到中间位置，行程开关动作，升降台便停止运动，从而实现垂直运动的终端保护。工作台的横向运动的终端保护也是利用装在工作台上的挡铁撞动十字手柄来实现的。

当主轴电动机 M1 的控制接触器 KM1 动作后，其辅助动合触头把工作台进给运动控制电路的电源接通，所以只有在 KM1 闭合后，工作台才能运动。

工作台向上运动的控制：在 KM1 闭合后，需要工作台向上进给运动时，将手柄扳至向上位置，其联动机构一方面接通垂直传动丝杠的离合器，为垂直运动丝杠的转动做好准备；另一方面它使行程开关 SQ4 动作，其动断触头 SQ4-2 断开，动合触头 SQ4-1 闭合，接触器 KM4 线圈获电吸合，KM4 主触头闭合，电动机 M2 反转，工作台向上运动。

工作台向后运动的控制：当操纵手柄向后扳动时，由联锁机构拨动垂直传动丝杠的离合器，使它脱开而停止转动，同时将横向传动丝杠的离合器接通进行传动，使工作台向后运动。工作台后运动也由 SQ4 和 KM4 控制，其电气工作原理同向上运动。

工作台向下运动的控制：当操纵手柄向下扳时，其联动机构一方面使垂直传动丝杠的离合器接通，为垂直丝杠的传动做准备；另一方面压合行程开关 SQ3，使其动断触头 SQ3-2 断开，动合触头 SQ3-1 闭合，接触器 KM3 线圈获电吸合，KM3 主触头闭合，电动机 M2 正转，工作台向下运动。

工作台向前运动的控制：工作台向前运动也由行程开关 SQ3 及接触器 KM3 控制，其电气控制原理与工作台向下运动相同，只是将手柄向前扳时，通过机械联锁机构将垂直传动丝杠的离合器脱开，而将横向传动丝杠的离合器接通，使工作台向前运动。

② 工作台左右(纵向)运动的控制。工作台左右运动同样是用工作台进给电动机 M2 来传动的，由工作台纵向操纵手柄来控制。此手柄也是复式的，一个安装在工作台底座的顶

面中央部位，另一个安装在工作台底座的左下方。手柄有三个位置：向右、向左、中间位置。当手柄扳到向右或向左运动方向时，手柄的联动机构压下行程开关 SQ1 或 SQ2，使接触器 KM3 或 KM4 动作来控制电动机 M2 的正、反转。当手柄扳到中间位置时，纵向传动丝杠的离合器脱开，行程开关 SQ1-1 或 SQ2-1 断开，电动机 M2 断电，工作台停止运动。

工作台左右运动的行程可通过调整安装在工作台两端的挡铁位置来控制，当工作台纵向运动到极限位置时，挡铁撞动纵向操纵手柄，使它回到中间位置，工作台停止运动，从而实现纵向运动的终端保护。

③ 工作台进给变速时的冲动控制。在改变工作台进给速度时，为了使齿轮易于啮合，也需要进给电动机 M2 瞬时冲动一下。变速时先将蘑菇形手柄向外拉出并转动手柄，转盘也跟着转动，把所需进给速度的标尺数字对准箭头，然后再把蘑菇形手柄用力向外拉到极限位置并随即推回原位；就在把蘑菇形手柄用力向外拉到极限位置的瞬间，其连杆机构瞬时压合行程开关 SQ6，使 SQ6 常闭触点断开，SQ6 常开触点闭合，接触器 KM3 线圈获电吸合，进给电动机 M2 正转，因为这是瞬时接通，故进给电动机 M2 也只是瞬时接通而瞬时冲动一下，从而保证变速齿轮易于啮合。当手柄推回原位后，行程开关 SQ6 复位，接触器 KM3 线圈断电释放，进给电动机 M2 瞬时冲动结束。

④ 工作台的快速移动控制。工作台的快速移动也是由进给电动机 M2 来拖动的，在纵向、横向和垂直六个方向上都可以实现快速移动控制。动作过程如下：先将主轴电动机 M1 启动，将进给操纵手柄扳到需要的位置，工作台按照选定的速度和方向作进给移动时，再按下快速移动按钮 SB5(或 SB6)，使接触器 KM5 线圈获电吸合，KM5 主触头闭合，使牵引电磁铁 YA 线圈获电吸合，通过杠杆使摩擦离合器合上，减少中间传动装置，使工作台按原运动方向作快速移动；当松开快速移动按钮 SB5(或 SB6)时，电磁铁 YA 断电，摩擦离合器分离，快速移动停止，工作台仍按原进给速度继续运动。工作台快速移动是点动控制。

若要求快速移动在主轴电动机不转情况下进行，则可先启动主轴电动机 M1，但应将主轴电动机 M1 的转换开关 SA4 扳在"停止"位置，再按下 SB5(或 SB6)，工作台就可在主轴电动机不转的情况下获得快速移动。

(3) 冷却泵电动机 M3 的控制。在主轴电动机 M1 启动后，将转换开关 SA3 闭合，接触器 KM6 线圈获电吸合，冷却泵电动机 M3 启动，通过机械机构将冷却液输送到机床切削部分。

3．照明电路分析

机床照明电路由变压器 T2 供给 24 V 安全电压，并由开关 SA5 控制。

4．常见故障分析

(1) 按停止按钮后主轴不停。原因之一是由于主轴电动机启动和制动频繁，往往造成接触器 KM1 的主触头发生熔焊，以致无法分断主轴电动机电源造成的；另一个原因是制动接触器 KM2 的主触头中有一个相接触不良，当按下停止按钮 SB1(或 SB2)时，启动接触器 KM1 释放，制动接触器 KM2 吸合，但由于制动接触器 KM2 的三个主触头只有两相接通，因此电动机不会产生反向转矩，仍按原方向旋转，速度继电器 KS 仍然接通，在这种情况下，只有切断进线电源才能使电动机停转。检查这种故障时，可按下 SB1(或 SB2)，若 KM1 能释放，KM2 能吸合，就说明控制线路是正常的，但无反接制动，即可断定接触器 KM2

的主触头中有一个相接触不良。

(2) 主轴停车时无制动作用。当速度继电器 KS 发生故障,速度继电器的动合触头 KS-1 或 KS-2 不能按旋转方向正动断合时,就会产生停车时无制动作用的情况;速度继电器 KS 中推动触头的胶木摆杆有时会断裂,这时速度继电器的转子虽随电动机转动,但不能推动触头使 KS-1 或 KS-2 闭合,也不会有制动作用。

此外,速度继电器的转子是通过连轴器与电动机轴同时旋转的,当弹性连接件损坏,螺钉松动或打滑时,都会使有速度继电器的转子不能正常旋转,KS-1 或 KS-2 也不能正动断合,在停车时主轴电动机就没有制动作用。

速度继电器动触头调节得过紧时,制动过程中反接制动电路会过早被切断,强制停车的作用随之会早结束,这样自由停车的时间必然延长,表现为虽有制动但制动的效果不显著。

速度继电器的永久磁铁转子磁性消失,也会造成制动作用不明显。

(3) 主轴停车制动后产生短时反向旋转。这是由于速度继电器 KS 的动触头弹簧调整得过松,使触头分断过迟,以致在反接制动的惯性作用下,电动机 M1 停止后仍会反向短时旋转。这只要将触头弹簧调节适当就可以消除。

(4) 主轴变速时无冲动过程。多数原因是行程开关 SQ7 的动合触头闭合时接触不好,这只要将行程开关 SQ7 的动合触头修复好即可。其次是下压主轴变速手柄时,机械顶销未碰上主轴冲动行程开关 SQ7 所致。

(5) 工作台各个方向都不能进给。用万用表先检查控制回路电压是否正常,若控制回路电压正常,可扳动操纵手柄至任一运动方向,观察其相关接触器是否吸合,若吸合则说明控制回路正常;这时着重检查电动机主回路,常见故障有接触器主触头接触不良、电动机 M2 接线脱落或绕组断路等。

(6) 工作台不能向上运动。若发现接触器 KM3 没吸合,则故障原因必定在控制回路,可依次检查 SA1-3、SA2-2、SQ2-2、SQ1-2、SA1-1、SQ4-1、KM4 及 KM3 线圈;若向下、向左和向右进给均正常,只有向上不能运动,则故障原因必定是 SQ4-1 没闭合。

(7) 工作台前后进给正常、但左右不能进给。由于工作台向前、向后进给正常,因此证明进给电动机 M2 主回路和接触器 KM3 或 KM4 及行程开关 SQ1-2 或 SQ2-2 的工作都正常,而 SQ1-1 和 SQ2-1 同时发生故障的可能性也较小,这样,故障的范围就缩小到三个行程开关的三个触头 SQ3-2、SQ4-2、SQ6-2 上,这三个触头只要有一个接触不良或损坏,就会使工作台向左或向右不能进给。可用万用表分别测量这三个触头之间的电压来判断哪对触头损坏。这三个触头中,SQ6 是变速冲动行程开关,变速时常因手柄扳动过猛而损坏。

3.5   Z35 摇臂钻床控制线路分析

3.5.1   机床结构及工作要求

Z35 摇臂钻床主要由底座、内立柱、外立柱、摇臂、主轴箱、工作台等组成。内立柱固定在底座上,在它外面套着空心的外立柱,外立柱可绕着内立柱回转一周,摇臂一端的套筒部分与外立柱滑动配合,借助于丝杠,摇臂可沿着外立柱上下移动,但两者不能作相对转动，所以摇臂将与外立柱一起相对内立柱回转。主轴箱是一个复合的部件，它具有主轴及主轴旋转部件和主轴进给的全部变速和操纵机构。主轴箱可沿着摇臂上的水平导轨作径向移动。当进行加工时，可利用特殊的夹紧机构将外立柱紧固在内立柱上，摇臂紧固在外立柱上，主轴箱紧固在摇臂导轨上，然后进行钻削加工。Z35 摇臂钻床的外形图如图 3-7 所示。

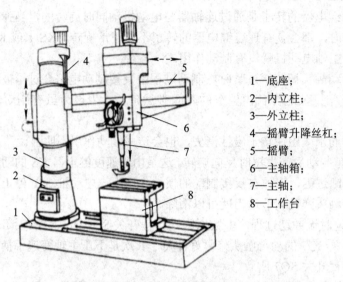

1—底座；

2—内立柱；

3—外立柱；

4—摇臂升降丝杠；

5—摇臂；

6—主轴箱；

7—主轴；

8—工作台

图 3-7　Z35 摇臂钻床的结构示意图

3.5.2　电力拖动及控制要求

Z35 摇臂钻床的电力拖动及控制要求如下：

(1) 由于摇臂钻床的运动部件较多，为简化传动装置，使用多电动机拖动，主电动机承驾主钻削及进给任务，摇臂升降、夹紧放松和冷却泵各用一台电动机拖动。

(2) 为了适应多种加工方式的要求，主轴及进给应在较大范围内调速。但这些调速都是机械调速，用手柄操作变速箱进行，对电动机无任何调速要求。从结构上看，主轴变速机构与进给变速机构应该放在一个变速箱内，而且两种运动由一台电动机拖动是合理的。

(3) 加工螺纹时要求主轴能正、反转。摇臂钻床的正、反转一般用机械方法实现，电动机只需单方向旋转。

(4) 摇臂升降由单独电动机拖动，要求能实现正、反转。

(5) 摇臂的夹紧与放松以及立柱的夹紧与放松由一台异步电动机配合液压装置来完成，要求这台电机能正、反转。摇臂的回转和主轴箱的径向移动在中小型摇臂钻床上都采用手动。

(6) 钻削加工时，为对刀具及工件进行冷却，需由一台冷却泵电动机拖动冷却泵输送冷却液。

3.5.3　电气控制线路分析

Z35 摇臂钻床电气控制线路如图 3-8 所示。

电源开关	冷却泵电动机	主轴电动机	摇臂升降电动机		立柱松紧电动机		低压照明	零压保护	主轴电机控制	摇臂升降控制		立柱松紧控制	
			上升	下降	松开	夹紧				上升	下降	松开	夹紧

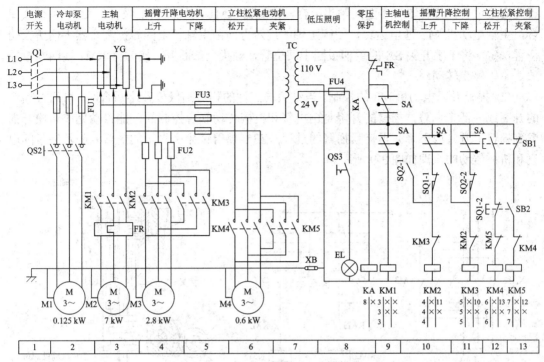

图 3-8　Z35 摇臂钻床电气控制线路

1．主电路分析

Z35 摇臂钻床有四台电动机，即主轴电动机 M2、摇臂升降电动机 M3、立柱夹紧与松开电动机 M4 及冷却泵电动机 M1。为满足攻螺纹工序，要求主轴能实现正、反转，而主轴电动机 M2 只能正转，主轴的正、反转是采用摩擦离合器来实现的。

摇臂升降电动机能正、反转控制，当摇臂上升（或下降）到达预定的位置时，摇臂能在电气和机械夹紧装置的控制下，自动夹紧在外立柱上。

摇臂的套筒部分与外立柱是滑动配合的，通过传动丝杠，摇臂可沿着外立柱上下移动，但不能作相对回转运动，而摇臂与外立柱可以一起相对内立柱作 360° 的回转运动。外立柱的夹紧、放松是由立柱夹紧放松电动机 M4 的正、反转并通过液压装置来进行的。

冷却泵电动机 M1 供给钻削时所需的冷却液。

2．控制电路分析

主轴电动机 M2 和摇臂升降电动机 M3 采用十字开关 SA 进行操作，十字开关的塑料盖板上有一个十字形的孔槽。根据工作需要可将操作手柄分别扳在孔槽内五个不同的位置上，即左、右、上、下和中间五个位置。在盖板槽孔的左、右、上、下四个位置的后面分别装有一个微动开关，当操作手柄分别扳到这四个位置时，便相应压下后面的微动开关，其动合触头闭合而接通所需的电路。操作手柄每次只能扳在一个位置上，亦即四个微动开关只能有一个被压而接通，其余仍处于断开状态。当手柄处于中间位置时，四个微动开关都不受压，全部处于断开状态。图中用小黑圆点分别表示十字开关 SA 的四个位置。

(1) 主轴电动机 M2 的控制。将十字开关 SA 扳到左边的位置，这时 SA 仅有左面的触头闭合，使零压继电器 KA 的线圈获电吸合，KA 的常开触头闭合自锁。再将十字开关 SA

扳到右边位置，仅使 SA 右面的触头闭合，接触器 KM1 的线圈获电吸合，KM1 主触头闭合，主轴电动机 M2 通电运转，钻床主轴的旋转方向由主轴箱上的摩擦离合器手柄所扳的位置决定。将十字开关 SA 的手柄扳回中间位置，触头全部断开，接触器 KM1 线圈断电释放，主轴停止转动。

(2) 摇臂升降电动机 M3 的控制。当钻头与工件的相对高低位置不适合时，可通过摇臂的升高或降低来调整，摇臂的升降是由电气和机械传动联合控制的，能自动完成从松开摇臂到摇臂上升（或下降）再夹紧摇臂的过程。Z35 摇臂钻床所采用的摇臂升降及夹紧的电气和机械传动的原理如图 3-9 所示。

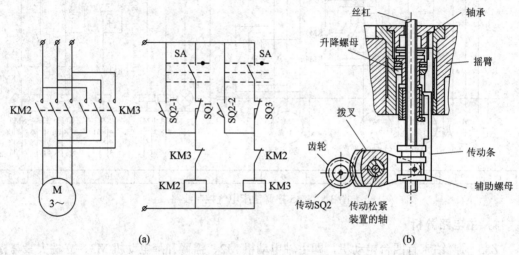

(a)　　　　　　　　　　　(b)

图 3-9　摇臂升降及夹紧的原理图

(a) 电气原理图；(b) 机械原理图

如果要摇臂上升，就将十字开关 SA 扳到"上"的位置，压下 SA 上面的动合触头，使其闭合，接触器 KM2 线圈获电吸合，KM2 的主触头闭合，电动机 M3 获电正转，带动升降丝杠正转。升降丝杠开始正转时，升降螺母也跟着旋转，所以摇臂不会上升。下面的辅助螺母因不能旋转而向上移动，通过拨叉使传动松紧装置的轴逆时针方向转动，结果松紧装置将摇臂松开。在辅助螺母向上移动时，带动传动条向上移动。当传动条压住上升降螺母后，升降螺母就不能再转动了，而只能带动摇臂上升。在辅助螺母上升而转动拨叉时，拨叉又转动开关 SQ2 的轴，使鼓形转换开关上的触点 SQ2-2 闭合，为夹紧作准备。鼓形开关如图 3-10 所示。这时 KM2 的常闭触点断开，接触器 KM3 线圈不会通电。当摇臂上升到所需的位置时，将十字开关 SA 扳回到中间位置，SA 上面触头复位断开电路，接触器 KM2 线圈断电释放，其常闭触点 KM2 闭合。因触点 SQ2-2 已闭合，接触器 KM3 线圈立即通电而吸合，KM3 的主触头闭合，电动机 M3 反转，使辅助螺母向下移动，一方面带动传动条下移而与升降螺母脱离接触，升降螺母又随丝杠空转，摇臂停止上升；

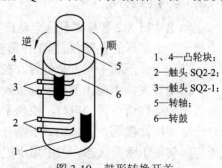

1、4—凸轮块；
2—触头 SQ2-2；
3—触头 SQ2-1；
5—转轴；
6—转鼓

图 3-10　鼓形转换开关

另一方面辅助螺母下移时，通过拨叉又使传动松紧装置的轴顺时针方向转动，结果松紧装置将摇臂夹紧。同时，拨叉通过鼓形转换开关 SQ2 的轴，使摇臂夹紧时触点 SQ2-2 断开，接触器 KM3 释放，电动机 M3 停止。

要求摇臂下降，可将十字开关 SA 扳到"下"的位置，于是 SA 下面的动合触头闭合，接触器 KM3 线圈获电吸合，电动机 M3 获电启动反转。开始时，升降螺母也跟着旋转，所以摇臂不会下降。下面的辅助螺母向下移动，通过拨叉使传动松紧装置的轴顺时针方向转动，结果松紧装置也是先将摇臂松开。在辅助螺母向下移动时，带动传动条向下移动。当传动条压住上升螺母后，升降螺母也不转了，带动摇臂下降。辅助螺母下降而转动拨叉时，拨叉又转动组合开关 SQ2 的轴，使触点 SQ2-1 闭合，为夹紧作准备。这时 KM3 的常闭触点 KM3 是断开的。当摇臂下降到所需要的位置时，将十字开关扳回到中间位置，这时 SA 下面的动合触头断开，接触器 KM3 因线圈断电而释放，其常闭触点闭合，又因触点 SQ2-1 已闭合，接触器 KM2 因线圈通电而吸合，电动机 M3 正转使辅助螺母向上移动，带动传动条上移而与升降螺母脱离接触，升降螺母又随丝杠空转，摇臂停止下降；辅助螺母上移时，通过拨叉使传动松紧装置的轴逆时针方向转动，结果松紧装置将摇臂夹紧。同时，拨叉通过齿轮转动组合开关 SQ2 的轴，使摇臂夹紧时触点 SQ2-1 断开，接触器 KM2 释放，电动机 M3 停止。

限位开关 SQ1 是用来限制摇臂升降的极限位置的。当摇臂上升到极限位置时，SQ1-1 断开，接触器 KM2 因线圈断电而释放，电动机 M3 停转，摇臂停止上升。当摇臂下降到极限位置时，触点 SQ1-2 断开，接触器 KM3 因线圈断电而释放，电动机 M3 停转，摇臂停止下降。

(3) 立柱和主轴箱的松开与夹紧的控制。立柱的松开与夹紧是靠电动机 M4 的正、反转及液压装置来完成的。当需要立柱松开时，可按下按钮 SB1，接触器 KM4 因线圈通电而吸合，电动机 M4 正转，通过齿轮离合器，M4 带动齿轮式油泵旋转，从一定的方向送出高压油，经一定的油路系统和传动机构将外立柱松开。松开后可放开按钮 SB1，电动机停转，即可用手推动摇臂连同外立柱绕内立柱转动。当转动到所需位置时，可按下 SB2，接触器 KM5 因线圈通电而吸合，电动机 M4 反转，通过齿轮式离合器，M4 带动齿轮式离合器反向旋转，从另一方送出高压油，在液压推动下将立柱夹紧。夹紧后可放开按钮 SB2，接触器 KM5 因线圈断电而释放，电动机 M4 停转。

Z35 摇臂钻床的主轴箱在摇臂上的松开与夹紧和立柱的松开与夹紧由同一台电动机 M4 和同一液压机构进行的。

线路中零压继电器 KA 的作用是当供电线路断电时，KA 线圈断电释放，KA 的动合触头断开，使整个控制电路断电；当电路恢复供电时，控制电路仍然断开，必须再次将十字开关 SA 扳至"左"的位置，使 KA 线圈重新获电，KA 动合触头闭合，然后才能操作控制电路。也就是说，零压保护继电器的动合触头起到接触器的自锁触头的作用。

(4) 冷却泵电动机 M1 的控制。冷却泵电动机由转换开关 QS2 直接控制。

3. 照明电路分析

变压器 TC 将 380V 电压降到 110 V，供给控制电路，并输出 24 V 电压供低压照明灯使用。

4．常见故障分析

1) 所有电动机都不能启动

当发现该机床的所有电动机都不能正常启动时，一般可以断定故障发生在电气线路的公用部分。可按下述步骤来检查：

(1) 在电气箱内检查从汇流环 YG 引入电气箱的三相电源是否正常，如发现三相电源有缺相或其它故障现象，则应在立柱下端配电盘处，检查引入机床电源隔离开关 Q1 处的电源是否正常，并查看汇流环 YG 的接触点是否良好。

(2) 检查熔断器 FU1，并确定 FU1 的熔体是否熔断。

(3) 控制变压器 TC 的一、二次侧绕组的电压是否正常。如一次侧绕组的电压不正常，则应检查变压器的接线有否松动；如果一次侧绕组两端的电压正常，而二次侧绕组电压不正常，则应检查变压器输出 110V 端绕组是否断路或短路，同时应检查熔断器 FU4 是否熔断。

(4) 如上述检查都正常，则可依次检查热继电器 FR 的动断触头、十字开关 SA 内的微动开关的动合触头及零压继电器 KA 线圈联接线的接触是否良好，有无断路故障等。

2) 主轴电动机 M2 的故障

(1) 主轴电动机 M2 不能启动。若接触器 KM1 已获电吸合，但主轴电动机 M2 仍不能启动旋转，则可检查接触器 KM1 的三个主触头接触是否正常，联接电动机的导线是否脱落或松动。若接触器 KM1 不动作，则首先检查熔断器 FU2 和 FU4 的熔体是否熔断，然后检查热继电器 FR 是否已动作，其动断触头的接触是否良好，十字开关 SA 的触头接触是否良好，接触器 KM1 的线圈接线头有否松脱；有时由于供电电压过低，使零压继电器 KA 或接触器 KM1 不能吸合。

(2) 主轴电动机 M2 不能停止。当把十字开关 SA 扳到"中间"停止位置时，主轴电动机 M2 仍不能停转，这种故障多半是由于接触器 KM1 的主触头发生熔焊所造成的。这时应立即断开电源隔离开关 Q1，才能使电动机 M2 停转，已熔焊的主触头要更换；同时必须找出发生触头熔焊的原因，彻底排除故障后才能重新启动电动机 M2。

3) 摇臂升降运动的故障

Z35 摇臂钻床的升降运动是借助电气、机械传动的紧密配合来实现的，因此在检修时既要注意电气控制部分，又要注意机械部分的协调。

(1) 摇臂升降电动机 M3 某个方向不能启动。电动机 M3 只有一个方向能正常运转，这一故障一般是出在该故障方向的控制线路或供给电动机 M3 电源的接触器上。例如，电动机 M3 带动摇臂上升方向有故障时，接触器 KM2 不吸合，此时可依次检查十字开关 SA 上面的触头、行程开关 SB1 的动断触头、接触器 KM3 的动断联锁触头以及接触器 KM2 的线圈和联接导线等有否断路故障；如接触器 KM2 能动作吸合，则应检查其主触头的接触是否良好。

(2) 摇臂上升（或下降）夹紧后，电动机 M3 仍正。反转重复不停。这种故障的原因是鼓形转换开关上 SQ2 的两个动合静触头的位置调整不当，使它们不能及时分断引起的。鼓形转换开关的结构如图 3-10 所示。图中 1 和 4 是两块随转鼓 5 一起转动的动触头，当摇臂不作升降运动时，要求两个动合静触头 3 和 2 正好处于两块动触头 1 和 4 之间的位置，使

SQ2-1 和 SQ2-2 都处于断开状态。如转轴受外力的作用使转鼓沿顺时针方向转过一个角度，则下面的一个动合静触头 SQ2-2 接通；若鼓形转换开关沿逆时针方向转过一个角度，则上面的一个动合静触头 SQ2-1 接通。由于动触头 1 和 4 的相对位置决定了转动到两个动合静触头接通的角度值，所以鼓形转换开关 SQ2 的分断是使摇臂升降与松紧的关键，如果动触头 1 和 4 的位置调整得太近，就会出现上述故障。当摇臂上升到预定位置时，将十字开关 SA 扳回中间位置，接触器 KM2 线圈就断电释放，由于 SQ2-2 在摇臂松开时已接通，故接触器 KM3 线圈获电吸合，电动机 M3 反转，通过夹紧机构把摇臂夹紧，并同时带动鼓形转换开关逆时针旋转一个角度，使 SQ2-2 离开动触头 4，处于断开状态，而电动机 M3 及机械部分装置因惯性仍在继续转动，此时由于动触头 1 和 4 间调整得太近，鼓形转换开关转过中间的切断位置，使动触头又同 SQ2-1 接通，导致接触器 KM2 再次获电吸合，使电动机 M3 又正转启动。如此循环，造成电动机 M3 正、反转重复运转，使摇臂夹紧和放松动作也重复不停。

(3) 摇臂升降后不能充分夹紧。原因之一是鼓形转换开关上压紧动触头的螺钉松动，造成动触头 1 或 4 的位置偏移。在正常情况下，当摇臂放松后，上升到所需的位置，将十字开关 SA 扳到中间位置时，SQ2-2 应早已接通，使接触器 KM3 获电吸合，从而使摇臂夹紧。现因动触头 4 位置偏移，使 SQ2-2 未按规定位置闭合，造成 KM3 不能按时动作，电动机 M3 也就不启动反转进行夹紧，故摇臂仍处于放松状态。

若摇臂上升完毕没有夹紧作用，而下降完毕却有夹紧作用，这是由于动触头 4 和静触头 SQ2-2 的故障，反之是动触头 1 和静触头 SQ2-1 的故障。另外，鼓形转换开关上的动、静触头发生弯扭、磨损、接触不良或两个动合静触头过早分断，也会使摇臂不能充分夹紧。另一个原因是当鼓形转换开关连同它的传动机构在安装时，操作人员没有注意到鼓形转换开关上的两个动合触头的原始位置与夹紧装置的协调配合，因而就起不到夹紧作用。例如带动鼓形开关的机构位置偏移，就会造成摇臂夹紧机构在没有到夹紧位置（或超过夹紧位置），即在离夹紧位置尚有三个齿距处便停止运动。

摇臂若不完全夹紧，会造成钻削的工件精度达不到规定的精度。

3.6 机床电气控制线路检修方法

3.6.1 检修工具和仪器仪表的使用

1. 试电笔

试电笔是检验导线、电器和电气设备是否带电的一种电工常用测试工具。

试电笔有钢笔式和旋具式两种。试电笔内装有氖管和限流电阻，当用试电笔测试带电体时，电流经带电体、电笔的限流电阻和氖管、人体到大地形成通电回路，只要带电体与大地之间的电位差超过 60 V，电笔中的氖管就会发光。低压试电笔的测试电压范围为(60～500)V。使用试电笔时，应以手指触及笔尾的金属体，使氖管小窗背光朝向自己。

用试电笔检查故障时，在主电路中从电源侧顺次往负载侧进行；在控制电路中从电源往线圈方向进行。在检测分析中应注意电源从线圈的另一端返回的可能。

试电笔仅需很小的电流就能使氖管发光，一般绝缘不好而产生的漏电流及处在强电场附近都能使氖管发光，这些情况要与所测电路是否确实有电加以区别。

试电笔除可用来测试相线(火线)和中性线(地线)之外，还有下列用途：

(1) 区别电压的高低。测试时可以根据氖管发光的强弱程度来估计电压的高低。

(2) 区别直流电与交流电。交流电通过试电笔时，氖管里的两个电极同时发光；直流电通过试电笔时，氖管里的两个电极只有一个发光。

(3) 区别直流电的正、负极。把试电笔连接在直流电路的正、负极之间，氖管发光的一端即为直流电的负极。

(4) 检查相线碰壳。用试电笔触及电气设备的壳体，若氖管发光，则说明相线碰壳且壳体的安全接地或安全接零不好。

2．试灯

试灯又称"校火灯"。利用试灯可检查线路的电压是否正常，线路是否断路或接触不良等。

使用试灯时要注意使灯泡的电压与被测部位的电压相符，电压相差过高会烧坏灯泡，相差过低时灯泡不亮。

一般查找故障时，使用较小容量的灯泡较好；查找接触不良的故障时，宜采用较大容量的灯泡(150 W～200 W)，这样可根据灯泡的亮、暗程度来分析故障情况。

3．电池灯

电池灯又称"对号灯"，它是由两节 1 号电池和 1 个 2.5 V 的小灯泡组成的，如图 3-11 所示。可用它来检查线路的通断及线号等。

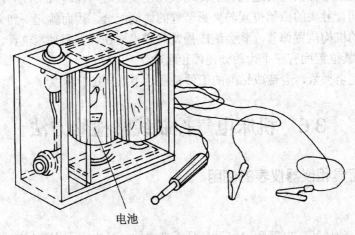

电池

图 3-11　电池灯

如果线路中串接有电感元件(如接触器、继电器的线圈)，则用电池灯测试时应与被测回路隔离，以防止在通电的瞬间因自感电动势过高而使测试者产生麻电的感觉。

4．万用表

万用表可以测量交、直流电压及直流电流和电阻，有的万用表还可以测量交流电流、电感、电容等。

使用万用表时应注意的事项如下：

(1) 使用前应先检查指针是否在零位，如不在零位，则应旋转调整旋钮，使指针指示在零位。测量电阻之前，应将被测电阻的电源切断，然后将选择开关旋至"Ω"挡内，将两支表棒短接，指针即向右偏转，调节调零旋钮使指针指向"0 Ω"。如短接表棒，指针调不到"0 Ω"，则说明表内电池电压不足，应更换新电池。

(2) 根据测量对象，将选择开关旋至相应的位置。特别要注意在测量电压时，不得将选择开关置于电流或电阻挡，否则将会损坏仪表的表头。

(3) 测量电压或电流时，应先估计一下被测量的数值大小，将量程选择开关旋至相应的位置。如果事先估计不出，可先用最大的量程逐步向小量程调试，以减小测量误差。

(4) 红表棒的另一端插在"＋"号插孔内，黑表棒的另一端插在"－"号插孔内。测量直流时，红表棒接被测电源的正极，黑表棒接被测电源的负极。测量交流时，表棒可以任意使用。

(5) 测量直流电时，应先弄清被测电路的极性。如果不清楚，则可先用最大量程试触一下，观察指针的转向，判断出极性。

(6) 万用表用完后，应将选择开关置于交流电压量程的最高一挡，以避免下次使用时由于直接测量电压而损坏仪表。当电表长期搁置不用时，应将表内电池取出，防止因电池腐蚀而影响表内其它零件。

3.6.2 机床电气控制线路检修步骤

1. 故障调查

(1) 问。机床发生故障后，首先应向操作者了解故障发生的前后情况，这样有利于根据电气设备的工作原理来分析发生故障的原因。一般询问的内容有：故障发生在运行前后还是发生在运行中；是运行中自行停车，还是发现异常情况后由操作者停下来的；发生故障时，机床工作在什么工序，按动了哪个按钮，扳动了哪个开关；故障发生前后，设备有无异常现象(如响声、气味、冒烟或冒火等)；以前是否发生过类似的故障，是怎样处理的等。

(2) 看。查看熔断器内熔丝是否熔断，其它电气元件有无烧坏、发热、断线，导线连接螺钉是否松动，电动机的转速是否正常。

(3) 听。仔细听一下电动机、变压器和有些电器元件在运行时的声音是否正常，可以帮助寻找故障的部位。

(4) 摸。电机、变压器和电器元件的线圈发生故障时，温度会显著上升，可切断电源后用手去触摸。

2. 电路分析

根据调查结果，参考该电气设备的电气原理图进行分析，初步判断出故障产生的部位，然后逐步缩小故障范围，直至找到故障点并加以消除。

分析故障时应有针对性，如接地故障一般先考虑电器柜外的电气装置，后考虑电器柜内的电气元件。断路和短路故障，应先考虑动作频繁的元件，后考虑其余元件。

3．断电检查

检查前先断开机床总电源，然后根据故障可能产生的部位，逐步找出故障点。检查时应先检查电源线进线处有无碰伤(有碰伤时可能引起电源接地、短路等现象)，螺旋式熔断器的熔断指示器是否跳出，热继电器是否动作；然后检查电器外部有无损坏，连接导线有无断路、松动，绝缘壳是否过热或烧焦。

4．通电检查

断电检查仍未找到故障时，可对电气设备作通电检查。

在通电检查时要尽量使电动机和其所传动的机械部分脱开，将控制器和转换开关置于零位，行程开关还原到正常位置。然后用校灯或表检查电源电压是否正常，是否有缺相和严重不平衡的情况。再进行通电检查，检查的顺序为：先检查控制电路，后检查主电路；先检查辅助系统，后检查主传动系统；先检查交流系统，后检查直流系统；先检查开关电路，后检查调整系统。另一种方法是断开所有开关，取下所有熔断器，然后按顺序逐一插入欲要检查部位的熔断器，合上开关，观察各电气元件是否按要求动作，是否有冒火、冒烟、熔断器熔断的现象，直至查到发生故障的部位为止。

3.6.3 机床电气控制线路检修方法

1．断路故障的检修

1) 试电笔检修法

试电笔检修断路故障的方法如图 3-12 所示。

检修时用试电笔依次测试 1、2、3、4、5、6 各点，并按下 SB2，测量到哪一点试电笔不亮即为断路处。用试电笔测试断路时故障应注意：

(1) 在有一端接地的 220 V 电路中测量时，应从电源侧开始，依次测量，并注意观察试电笔的亮度，防止由于外部电场、泄漏电流造成氖管发亮，而误认为电路没有断路。

(2) 当检查 380 V 且有变压器的控制电路中的熔断器是否熔断时，应防止由于电源通过另一相熔断器和变压器的一次侧绕组回到已熔断的熔断器的出线端，造成熔断器没有熔断的假象。

2) 校灯检修法

用校灯检修断路故障的方法如图 3-13 所示。

检修时将校灯一端接 0 上，另一端依次测试

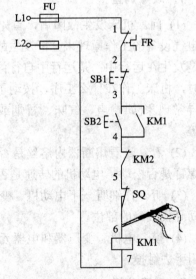

图 3-12 试电笔检修断路故障方法示意图

1、2、3、4、5、6 各点，并按下 SB2，如接至 2 号线上校灯亮，而接至 3 号线上校灯不亮，则说明 SB1(2—3)断路。

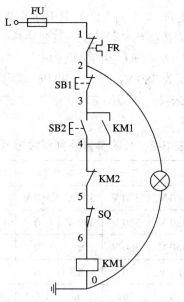

图 3-13 校灯检修断路故障方法示意图

用校灯检修故障时应注意:

(1) 灯泡的额定电压应与被测电压相匹配,否则被测电压太高,灯泡易烧坏;电压太低,灯泡不亮。一般检查 220 V 电路时,用一只 220 V 的灯泡;检查 380 V 的电路时,用两只 220 V 的灯泡串联。

(2) 灯泡的容量,一般查找断路故障时使用小容量(10 W~60 W)的灯泡为宜,而查找因接触不良而引起的故障时,应用较大容量(150 W~200 W)的灯泡。

3) 万用表检修法

(1) 电压测量法。检查时把万用表旋到交流电压 500 V 挡位上。

① 分阶测量法。电压的分阶测量法如图 3-14 所示。

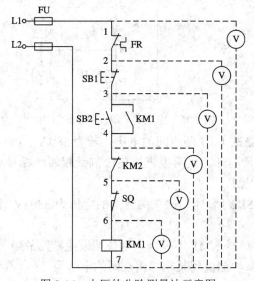

图 3-14 电压的分阶测量法示意图

检查时，首先用万用表测量 1、7 两点间的电压，若电路正常应为 380 V，然后按住启动按钮 SB2 不放，同时将黑表棒接到 7 号线上，红色表棒依次接 2、3、4、5、6 各点，分别测量 7—2、7—3、7—4、7—5、7—6 各阶之间的电压，电路正常情况下，各阶的电压值均为 380 V，如测到 7—5 电压为 380 V，7—6 无电压，则说明行程开关 SQ 的动断触头(5—6)断路。根据各阶电压值来检查故障的方法见表 3-2。这种测量方法其过程像台阶一样，所以称为分阶测量法。

表 3-2　分阶测量法判别故障原因

故障现象	测试状态	7—1	7—2	7—3	7—4	7—5	7—6	故　障　原　因
按下 SB2, KM1 不吸合	按下 SB2 不放	380 V	380 V	380 V	380 V	380 V	0	SQ 动断触头接触不良
		380 V	380 V	380 V	380 V	0	0	KM2 动断触头接触不良
		380 V	380 V	380 V	0	0	0	SB2 动合触头接触不良
		380 V	380 V	0	0	0	0	SB1 动断触头接触不良
		380 V	0	0	0	0	0	FR 动断触头接触不良

② 分段测量法。电压的分段测量法如图 3-15 所示。

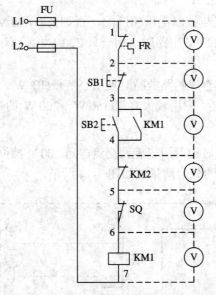

图 3-15　电压的分段测量法示意图

检查时先用万用表测试 1、7 两点间的电压，若为 380 V，则说明电源电压正常。

电压的分段测试法是用红、黑两根表棒逐段测量相邻两标号点 1—2、2—3、3—4、4—5、5—6、6—7 间的电压。

如电路正常，按下 SB2 后，除 6—7 两点间的电压为 380 V 外，其它任何相邻两点间的电压值均为零。

如按下 SB2 后，接触器 KM1 不吸合，则说明发生断路故障，此时可用电压表逐段测试各相邻两点间的电压。如测量到某相邻两点间的电压为 380 V，则说明这两点间有断路故障。根据各段电压值来检查故障的方法见表 3-3。

表3-3 分段测量法判别故障原因

故障现象	测试状态	1—2	2—3	3—4	4—5	5—6	6—7	故 障 原 因
按下 SB2, KM1 不吸合	按下 SB2 不放	380 V	0	0	0	0	0	FR 动断触头接触不良
		0	380 V	0	0	0	0	SB1 动断触头接触不良
		0	0	380 V	0	0	0	SB2 动合触头接触不良
		0	0	0	380 V	0	0	KM2 动断触头接触不良
		0	0	0	0	380 V	0	SQ 动断触头接触不良
		0	0	0	0	0	380 V	KM1 线圈断路

(2) 电阻测量法。

① 分阶测量法。电阻的分阶测量法如图 3-16 所示。

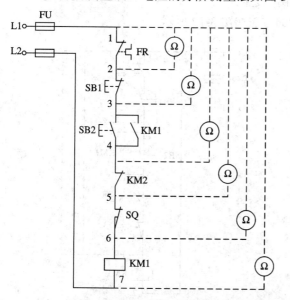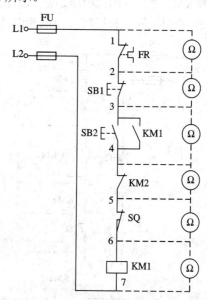

图 3-16　电阻的分阶测量法示意图　　　　图 3-17　电阻的分段测量法示意图

按下启动按钮 SB2，若接触器 KM1 不吸合，则说明该电气回路有断路故障。

用万用表的电阻挡检测前应先断开电源，然后按下 SB2 不放，先测量 1、7 两点间的电阻，如电阻值为无穷大，则说明 1、7 之间的电路断路。接下来分别测量 1—2、1—3、1—4、1—5、1—6 各点间电阻值，若电路正常，则两点间的电阻值为 "0"；若测量到某标号间的电阻值为无穷大，则说明表棒刚跨过的触头或连接导线断路。

② 分段测量法。电阻的分段测量法如图 3-17 所示。

检查时，先切断电源，按下启动按钮 SB2，然后依次逐段测量相邻两标号点 1—2、2—3、3—4、4—5、5—6 间的电阻。如测得某两点的电阻为无穷大，则说明这两点间的触头或连接导线断路。例如当测得 2、3 两点间电阻为无穷大时，说明停止按钮 SB1 或连接 SB1 的导线断路。

电阻测量法的优点是安全，缺点是测得的电阻值不准确时容易造成判断错误。为此应注意以下几点：

第一，用电阻测量法检查故障时一定要断开电源。

第二，当被测的电路与其它电路并联时，必须将该电路与其它电路断开，否则所测得的电阻值是不准确的。

第三，测量高电阻值的电器元件时，应把万用表的选择开关旋转至适合的电阻挡。

4) 短接法检修

短接法是用一根绝缘良好的导线，把所怀疑的断路部位短接，如短接后，电路被接通，则说明该处断路。

(1) 局部短接法。局部短接法检修断路故障的方法如图 3-18 所示。

按下启动按钮 SB2 后，若接触器 KM1 不吸合，则说明该电路有断路故障。检查时先用万用表电压挡测量 1、7 两点间的电压值，若电压正常，可按下启动按钮 SB2 不放，然后用一根绝缘良好的导线分别短接 1－2、2－3、3－4、4－5、5－6。若短接到某两点时，接触器 KM1 吸合，则说明断路故障就在这两点之间。

(2) 长短接法。长短接法检修断路故障的方法如图 3-19 所示。

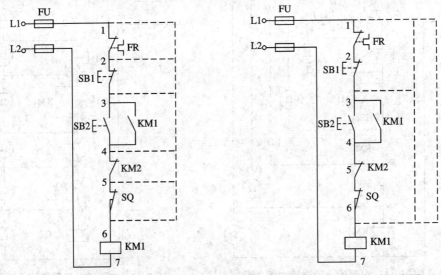

图 3-18　局部短接法示意图　　　　图 3-19　长短接法示意图

长短接法是指一次短接两个或多个触头来检查断路故障的方法。

当 FR 的动断触头和 SB1 的动断触头同时接触不良，如用上述局部短接法短接 1、2 点，按下启动按钮 SB2，KM1 仍然不会吸合，故可能会造成判断错误。而采用长短接法将 1－6 短接，如 KM1 吸合，则说明 1－6 段电路中有断路故障，然后再短接 1－3 和 3－6，若短接 1－3 时，按下 SB2 后 KM1 吸合，则说明故障在 1－3 段范围内，再用局部短接法短接 1－2 和 2－3，很快就能将断路故障排除。

短接法检查断路故障时应注意以下几点：

① 短接法是用手拿绝缘导线带电操作的，所以一定要注意安全，避免触电事故发生。

② 短接法只适用于检查压降极小的导线和触头之间的断路故障。对于压降较大的电器，如电阻、接触器和继电器的线圈等，检查其断路故障时不能采用短接法，否则会出现短路故障。

③ 对于机床的某些要害部位，必须在保障电气设备或机械部位不会出现事故的情况下才能使用短接法。

2. 短路故障的检修

电源间短路故障一般是电器的触头或连接导线将电源短路，其检修方法如图3-20所示。

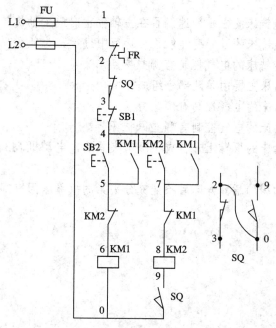

图 3-20　检修电源间的短路故障示意图

图 3-20 中，行程开关 SQ 中的 2 号与 0 号线因某种原因连接将电源短路，合上电源，按下 SB2 后，熔断器 FU 就熔断。现采用电池灯进行检修，其方法如下：

(1) 拿去熔断器 FU 的熔芯，将电池灯的两根线分别接到 1 号和 0 号线上，若灯亮，则说明电源间短路。

(2) 将行程开关 SQ 的动合触头上的 0 号线拆下，若灯暗，则说明电源短路在这个环节。

(3) 将电池灯的一根线从 0 号移到 9 号上，若灯灭，则说明短路在 0 号线上。

(4) 将电池灯的两根线仍分别接到 1 号和 0 号线上，然后依次断开 4、3、2 号线，当断开 2 号线时灯灭，说明 2 号和 0 号线间短路。

习　题

3-1　CA6140 普通车床的电气控制具有哪些特点？

3-2　CA6140 普通车床的电气控制具有哪些保护？它们是通过哪些电器元件实现的？

3-3　在 M7120 平面磨床中为什么采用电磁吸盘来吸持工件？电磁吸盘线圈为何要用直流供电而不能用交流供电？

3-4　M7120 平面磨床的电气控制具有哪些特点？

3-5　M7120 平面磨床的电气控制具有哪些保护环节？各由什么电器元件来实现？

3-6　试述将工件从吸盘上取下时的操作步骤及电路工作情况。

3-7　在 X62W 万能铣床电路中，各电磁离合器的作用是什么？

3-8　在 X62W 万能铣床电路中，各行程开关的作用是什么？它们与机械手柄有何联系？

3-9　X62W 万能铣床的电气控制具有哪些联锁与保护？为何要有这些联锁与保护？是如何实现的？

3-10　X62W 万能铣床的主轴变速能否在主轴停止时或主轴旋转时进行？为什么？

3-11　X62W 万能铣床的进给变速能否在运行中进行？为什么？

3-12　X62W 万能铣床的电气控制有哪些特点？

3-13　Z35 摇臂钻床主要由哪几部分组成？

3-14　Z35 摇臂钻床的电气控制有哪些特点？

3-15　Z35 摇臂钻床的电气控制有哪些保护环节？

3-16　Z35 摇臂钻床的摇臂上升（或下降）夹紧后，电动机 M3 仍正、反转重复不停，故障原因有哪些？

3-17　Z35 摇臂钻床的摇臂升降后不能充分夹紧的故障原因有哪些？

第4章 可编程序控制器

4.1 概　述

可编程序控制器(Programmable Controller)通常简称为可编程序控制器，英文缩写为 PC 或 PLC，它是以微处理器为基础，综合了计算机技术、自动控制技术和通信技术的一种通用的工业自动控制装置。PLC 具有体积小、功能强、程序设计简单、灵活通用、维护方便等一系列的优点，特别是它的高可靠性和较强的适应恶劣工业环境的能力，得到了用户的好评，因而在冶金、能源、化工、交通、电力等领域中得到了越来越广泛的应用，成为了现代工业控制的三大支柱(PLC、机器人和 CAD/CAM)之一。

4.1.1　可编程序控制器的特点

由于控制对象的复杂性、使用环境的特殊性和运行工作的连续长期性，使得 PLC 在设计、结构上具有许多其它控制器所无法相比的特点。

1. 可靠性高，抗干扰能力强

可靠性与抗干扰能力是用户关心的首要问题。为了满足"专为在工业环境下应用设计"的要求，PLC 采用了如下硬件和软件措施：

(1) 光电耦合隔离和 *RC* 滤波器，有效地防止了干扰信号的进入。

(2) 内部采用电磁屏蔽，防止辐射干扰。

(3) 采用优化的开关电源，防止电源线引入的干扰。

(4) 具有良好的自诊断功能。可以对 CPU 等内部电路进行检测，一旦出错，就立即报警。

(5) 对程序及有关数据用电池供电进行后备，发生断电或运行停止等情况时，有关状态及信息不会丢失。

(6) 对采用的器件都进行了严格的筛选，排除了因器件问题而造成的故障。

(7) 采用冗余技术进一步增强了可靠性。对于某些大型的 PLC，还采用了双 CPU 构成的冗余系统或三 CPU 构成的表决式系统。

随着构成 PLC 的元器件性能的提高，PLC 的可靠性也在相应提高。一般 PLC 的平均无故障时间可达到几万小时以上。某些 PLC 的生产厂家甚至宣布，今后他们生产的 PLC 不再标明可靠性这一指标，因为对于 PLC，这一指标已毫无意义了。经过大量实践，人们发现 PLC 系统在使用中发生的故障，大多是由 PLC 的外部开关、传感器、执行机构引起的，而不是 PLC 本身发生的。

2. 通用性强，使用方便

现在的 PLC 产品都已系列化和模块化，并配备有品种齐全的 I/O 模块和配套部件供用户使用，可以很方便地搭成能满足不同控制要求的控制系统。用户不再需要自己设计和制作硬件装置。在确定了 PLC 的硬件配置和 I/O 外部接线后，用户所做的工作只是程序设计而已。

3. 程序设计简单，易学、易懂

PLC 是一种新型的工业自动化控制装置，其主要的使用对象是广大的电气技术人员。PLC 生产厂家考虑到这种实际情况，一般不采用微机所用的编程语言，而采取与继电器控制原理图非常相似的梯形图语言，工程人员学习、使用这种编程语言十分方便。这也是为什么 PLC 能迅速普及和推广的原因之一。

4. 采用先进的模块化结构，系统组合灵活方便

PLC 的各个部件，包括 CPU、电源、I/O(其中也包含特殊功能的 I/O)等均采用模块化设计，由机架和电缆将各模块连接起来。系统的功能和规模可根据用户的实际需求自行组合，这样便可实现用户要求的合理的性能价格比。

5. 系统设计周期短

由于系统硬件的设计任务仅仅是依据对象的要求配置适当的模块，如同点菜一样方便，因此大大缩短了整个设计所花费的时间，加快了整个工程的进度。

6. 安装简便，调试方便，维护工作量小

PLC 一般不需要专门的机房，可以在各种工业环境下直接运行。使用时只需将现场的各种设备与 PLC 相应的 I/O 端相连，系统便可以投入运行，安装接线工作量比继电器控制系统少得多。PLC 软件的设计和调试大都可以在实验室里进行，用模拟实验开关代替输入信号，其输出状态可以观察 PLC 上的相应发光二极管，也可以另接输出模拟实验板来模拟输出。模拟调试好后，再将 PLC 控制系统安装到现场，进行联机调试，这样既省时又方便。由于 PLC 本身故障率很低，又有完善的自诊断能力和显示功能，因此一旦发生故障，就可以根据 PLC 上的发光二极管或编程器提供的信息迅速查明原因。如果是 PLC 本身，则可用更换模块的方法排除故障。这就提高了维护的工作效率，保证了生产的正常进行。

7. 对生产工艺改变适应性强，可进行柔性生产

PLC 实质上就是一种工业控制计算机，其控制操作的功能是通过软件编程来确定的。当生产工艺发生变化时，不必改变 PLC 硬件设备，只需改变 PLC 中的程序。这对现代化的小批量、多品种产品的生产特别适合。

4.1.2 可编程序控制器的应用和发展

1. 可编程序控制器的应用

近年来，随着微处理器芯片及其有关元器件的价格大幅度下降，PLC 的成本也随之下降。与此同时，PLC 的性能却在不断完善，功能也在增多增强，使得 PLC 的应用已由早期

的开关逻辑发展到现在工业控制的各个领域。根据 PLC 的特点，可以将其应用形式归纳为如下几种类型：

(1) 开关逻辑控制。这是 PLC 的最基本最广泛的应用领域。PLC 具有强大的逻辑运算能力，可以实现各种简单和复杂的逻辑控制。

(2) 模拟量控制。在工业生产过程中，有许多连续变化的量，如温度、压力、流量、液位和速度等都是模拟量，而 PLC 中所处理的是数字量，为了能接收模拟量输入和输出模拟量信号，PLC 中配置有 A/D 和 D/A 转换模块，将现场的温度、压力等模拟量经过 A/D 转换变为数字量，由微处理器进行处理，微处理器处理的数字量又经 D/A 转换后，变成模拟量去控制被控对象，这样就可实现 PLC 对模拟量的控制。

(3) 闭环过程控制。运用 PLC 不仅可以对模拟量进行开环控制，而且可以进行闭环控制。现代大、中型的 PLC 一般都配备了专门的 PID(比例、积分、微分调节)控制模块，当控制过程中某一个变量出现偏差时，PLC 就按照 PID 算法计算出正确的输出去控制生产过程，把变量保持在整定值上。PLC 的 PID 控制已广泛地应用在加热炉、锅炉、反应堆、酿酒以及位置和速度等控制中。

(4) 定时控制。PLC 具有定时控制的功能，它可以为用户提供几十甚至上百个定时器，其定时的时间可以由用户在编写用户程序时设定，也可以由操作人员在工业现场通过编程器进行设定，实现定时或延时的控制。

(5) 计数控制。计数控制也是控制系统不可缺少的，PLC 同样也为用户提供了几十个甚至上百个计数器，设定方式如同定时一样。若用户需要对频率较高的信号进行计数，则可以选择高速计数模块。

(6) 顺序(步进)控制。在工业控制中，采用 PLC 实现顺序控制，可以用移位寄存器和步进指令编写程序，也可以采用顺序控制的标准化语言——顺序功能图 SFC (Sequential Function Chart)编写程序，使得 PLC 在实现按照事件或输入状态的顺序控制相应输出时更加容易。

(7) 数据处理。现代 PLC 都具有数据处理的能力，它不仅能进行算术运算和数据传送，而且还能进行数据比较、数据转换、数据显示和打印以及数据通信等。对于大、中型 PLC，还可以进行浮点运算、函数运算等。

(8) 通信和联网。PLC 的控制已从早期的单机控制发展到了多机控制，实现了工厂自动化。这是由于现代的 PLC 一般都有通信的功能，它既可以对远程 I/O 进行控制，又能实现 PLC 与 PLC、PLC 与计算机之间的通信，从而可以方便可靠地搭成"集中管理，分散控制"的分布式控制系统。由此可见，PLC 是实现工厂自动化的理想工业控制器。

2. 可编程序控制器的发展

世界上公认的第一台 PLC 是 1969 年美国数字设备公司(DEC)研制的。限于当时的元件条件及计算机发展水平，早期的 PLC 主要由分立元件和中小规模集成电路组成，可以完成简单的逻辑控制及定时、计数功能。20 世纪 70 年代初出现了微处理器后，人们很快将其引入可编程序控制器，使 PLC 增加了运算、数据传送及处理等功能，成为真正具有计算机特征的工业控制装置。为了方便熟悉继电器、接触器系统的工程技术人员使用，可编程序控制器采用和继电器电路图类似的梯形图作为主要编程语言，并将参加运算及处理的计算机存储元件都以继电器命名。因而人们称可编程序控制器是微机技术和继电器常规控制概念相结合的产物。

20 世纪 70 年代中末期，可编程序控制器进入了实用化发展阶段，计算机技术已全面引入可编程序控制器中，使其功能发生了飞跃。更高的运算速度、超小型的体积、更可靠的工业抗干扰设计、模拟量运算、PID 功能及极高的性价比，奠定了它在现代工业中的地位。20 世纪 80 年代初，可编程序控制器在先进工业国家中已获得了广泛的应用。例如，在世界第一台可编程序控制器的诞生地美国，权威情报机构 1982 年的统计数字显示，大量应用可编程序控制器的工业厂家占美国重点工业行业厂家总数的 82%，可编程序控制器的应用数量已位于众多的工业自控设备之首。这个时期可编程序控制器发展的特点是大规模、高速度、高性能、产品系列化。这标志着可编程序控制器已步入成熟阶段。

这个阶段的另一个特点是世界上生产可编程序控制器的国家日益增多，产量日益上升。许多可编程序控制器的生产厂家已闻名于全世界。如美国 Rockwell 自动化公司所属的 A-B(Allen-Bradley)公司，GE-Fanuc 公司，日本的三菱公司和立石公司，德国的西门子(Siemens)公司，法国的 TE (Telemecanique)公司等。它们的产品已风行全世界，成为各国工业控制领域中的著名品牌。

20 世纪末期，可编程序控制器的发展特点是更加适应于现代工业控制的需要。从控制规模来说，这个时期发展了大型机及超小型机；从控制能力来说，诞生了各种各样的特殊功能单元，用于压力、温度、转速、位移等各式各样的控制场合；从产品的配套能力来说，生产了各种人机界面单元、通信单元，使应用可编程序控制器的工业控制设备的配套更加容易。目前，可编程序控制器在机械制造、石油化工、冶金钢铁、汽车、轻工业等领域的应用都得到了长足的发展。

我国可编程序控制器的引进、应用、研制、生产是伴随着改革开放开始的。最初是在引进设备中大量使用了可编程序控制器。接下来在各种企业的生产设备及产品中不断扩大了可编程序控制器的应用。目前，我国已可以生产中、小型可编程序控制器。上海东屋电气有限公司生产的 CF 系列、杭州机床电器厂生产的 DKK 及 D 系列、大连组合机床研究所生产的 S 系列、苏州电子计算机厂生产的 YZ 系列等多种产品已具备了一定的规模并在工业产品中获得了应用。此外无锡华光公司、上海香岛公司等中外合资企业也是我国比较著名的可编程序控制器生产厂家。可以预见，随着我国四个现代化进程的深入，可编程序控制器在我国将有更广阔的应用天地。

4.1.3　可编程序控制器的基本结构和工作原理

1. 可编程序控制器的基本结构

世界各国生产的可编程序控制器外观各异，但作为工业控制计算机，其硬件结构都大体相同，主要由中央处理器(CPU)、存储器(RAM、ROM)、输入/输出器件(I/O 接口)、电源及编程设备几大部分构成。PLC 的硬件结构框图如图 4-1 所示。

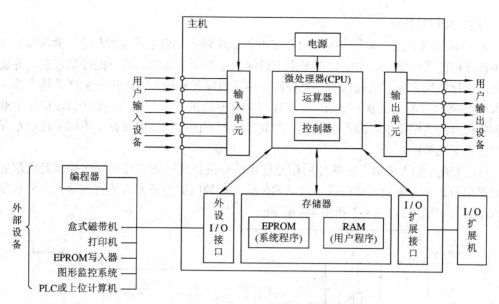

图 4-1　单元式 PLC 结构框图

1) 中央处理器(CPU)

中央处理器是可编程序控制器的核心，它在系统程序的控制下，完成逻辑运算、数学运算、协调系统内部各部分工作等任务。可编程序控制器中采用的 CPU 一般有三大类，一类为通用微处理器，如 80286、80386 等；一类为单片机芯片，如 8031、8096 等；另外还有位处理器，如 AMD2900、AMD2903 等。一般说来，可编程序控制器的档次越高，CPU 的位数越多，运算速度也越快，指令功能也越强。现在常见的可编程序机型一般多为 8 位或者 16 位机。为了提高 PLC 的性能，也有一台 PLC 采用多个 CPU 的。

2) 存储器

存储器是可编程序控制器存放系统程序、用户程序及运算数据的单元。和一般计算机一样，可编程序控制器的存储器有只读存储器(ROM)和随机读/写存储器(RAM)两大类。只读存储器是用来保存那些需永久保存的程序的存储器，即使机器掉电后其保存的数据也不会丢失，一般为掩膜只读存储器和可编程电擦写只读存储器。只读存储器用来存放系统程序。随机读/写存储器的特点是写入与擦除都很容易，但在掉电情况下存储的数据就会丢失，一般用来存放用户程序及系统运行中产生的临时数据。为了使用户程序及某些运算数据在可编程序控制器脱离外界电源后也能保持，在实际使用中都为一些重要的随机读/写存储器配备了电池或电容等掉电保护装置。

可编程序控制器的存储器区域按用途不同，又可分为程序区和数据区。程序区是用来存放用户程序的区域，一般有数千个字节。数据区是用来存放用户数据的区域，一般比程序区小一些。在数据区中，各类数据存放的位置都有严格的划分。由于可编程序控制器是为熟悉继电器、接触器系统的工程技术人员使用的，因此可编程序控制器的数据单元都叫做继电器，如输入继电器、时间继电器、计数器等。不同用途的继电器在存储区中占有不同的区域，每个存储单元有不同的地址编号。

3) 输入/输出接口

输入/输出接口是可编程序控制器和工业控制现场各类信号连接的部分。输入口用来接收生产过程的各种参数。输出口用来送出可编程序控制器运算后得出的控制信息，并通过机外的执行机构完成工业现场的各类控制。由于可编程序控制器在工业生产现场工作，对输入/输出接口有两个主要的要求，一是接口有良好的抗干扰能力，二是接口能满足工业现场各类信号的匹配要求，因而可编程序控制器为不同的接口需求设计了不同的接口单元。主要有以下几种：

(1) 开关量输入接口。它的作用是把现场的开关量信号变成可编程序控制器内部处理的标准信号。开关量输入接口按可接纳的外信号电源的类型不同分为直流输入单元和交流输入单元，如图4-2、图4-3和图4-4所示。

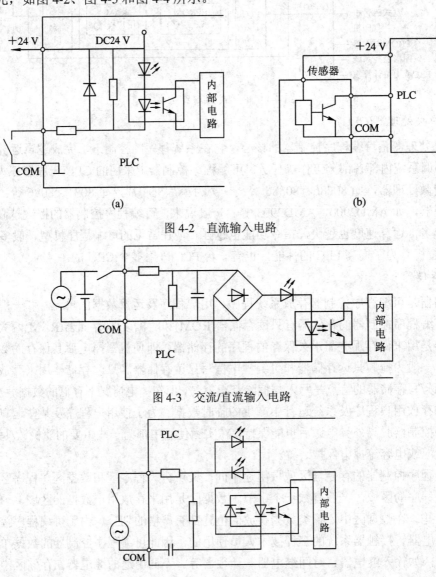

(a)　　　　　　　　　　　　　(b)

图 4-2　直流输入电路

图 4-3　交流/直流输入电路

图 4-4　交流输入电路

从图中可以看出，输入接口中都有滤波电路及耦合隔离电路。滤波有抗干扰的作用，耦合有抗干扰及产生标准信号的作用。图中输入口的电源部分都画在了输入口外(框外)，这是分体式输入口的画法，在一般单元式可编程序控制器中输入口都使用可编程本机的直流电源供电，不再需要外接电源。

(2) 开关量输出接口。它的作用是把可编程序控制器内部的标准信号转换成现场执行机构所需的开关量信号。开关量输出接口按可编程序控制器内使用的器件可分为继电器型、晶体管型及可控硅型。内部参考电路如图 4-5 所示。

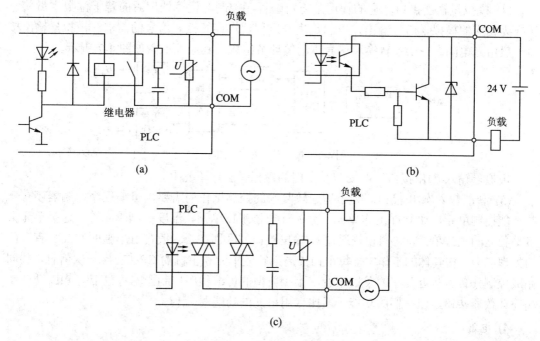

图 4-5　开关量输出电路

从图 4-5 中可以看出，各类输出接口中也都有隔离耦合电路。这里特别要指出的是，输出接口本身都不带电源，而且在考虑外驱动电源时，还需考虑输出器件的类型。继电器型的输出接口可用于交流及直流两种电源，但接通/断开的频率低；晶体管型的输出接口有较高的接通/断开频率，但只适用于直流驱动的场合；可控硅型的输出接口仅适用于交流驱动场合。

(3) 模拟量输入接口。它的作用是把现场连续变化的模拟量标准信号转换成适合可编程序控制器内部处理的由若干位二进制数字表示的信号。模拟量输入接口接受标准模拟信号，无论是电压信号还是电流信号均可。这里的标准信号是指符合国际标准的通用交互用电压、电流信号，如(4~20)mA 的直流电流信号，(1~10)V 的直流电压信号等。工业现场中模拟量信号的变化范围一般是不标准的，在送入模拟量接口时都需经变换处理才能使用。图 4-6 所示为模拟量输入接口的内部电路框图。

模拟量信号输入后一般经运算放大器放大后进行 A/D 转换，再经光电耦合后为可编程序控制器提供一定位数的数字量信号。

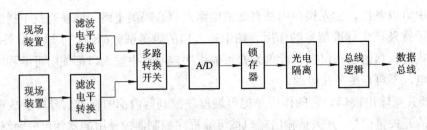

图 4-6　模拟量输入电路框图

(4) 模拟量输出接口。它的作用是将可编程序控制器运算处理后的若干位数字量信号转换为相应的模拟量信号输出，以满足生产过程现场连续控制信号的需求。模拟量输出接口一般由光电隔离、D/A 转换和信号驱动等环节组成。其原理框图如图 4-7 所示。

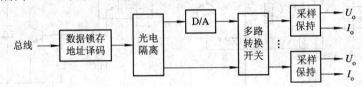

图 4-7　模拟量输出电路框图

模拟量输入/输出接口一般安装在专门的模拟量工作单元上。

(5) 智能输入/输出接口。为了适应较复杂的控制工作的需要，可编程序控制器还有一些智能控制单元，如 PID 工作单元、高速计数器工作单元、温度控制单元等。这类单元大多是独立的工作单元，它们和普通输入/输出接口的区别在于一般带有单独的 CPU，有专门的处理能力。在具体的工作中，每个扫描周期智能单元和主机的 CPU 交换一次信息，共同完成控制任务。从近几年的发展来看，不少新型的可编程序控制器本身也带有 PID 功能及高速计数器接口，但它们的功能一般比专用单元的功能弱。

4) 电源

可编程序控制器的电源包括为可编程序控制器各工作单元供电的开关电源及为掉电保护电路供电的后备电源，后者一般为电池。

5) 外部设备

(1) 编程器。可编程序控制器的特点是它的程序是可变更的，能方便地加载程序，也可方便地修改程序，因此编程设备就成了可编程序控制器工作中不可缺少的部分。可编程序控制器的编程设备一般有两类：一类是专用的编程器，有手持的，也有台式的，还有的可编程序控制器机身上自带编程器，其中手持式的编程器携带方便，适合工业控制现场应用；另一类是个人计算机，在个人计算机上运行可编程序控制器相关的编程软件即可完成编程任务，借助软件编程比较容易，一般是编好了以后再下载到可编程序控制器中去。

编程器除了编程以外，一般还具有一定的调试及监视功能，可以通过键盘调取及显示 PLC 的状态、内部器件及系统参数，它经过接口(也属于输入/输出口的一种)与处理器联系，完成人机对话操作。

按照功能的强弱，手持式编程器又可分为简易型和智能型两类。前者只能联机编程，后者既可联机编程又可脱机编程。所谓脱机编程，是指在编程时把程序存储在编程器本身存储器中的一种编程方式。它的优点是在编程及修改程序时，可以不影响 PLC 机内原有程序的执行，也可以在远离主机的异地编程后再到主机所在地下载程序。

图 4-8 所示为 FX-20P 型手持式编程器。这是一种智能型编程器，配有存储器卡盒后可以脱机编程，本机显示窗口可同时显示四条基本指令。

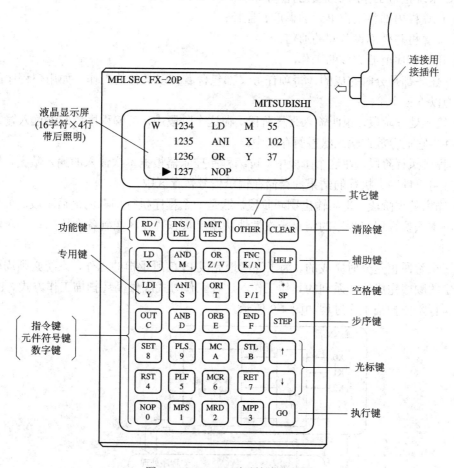

图 4-8　FX-20P 型手持式编程器

(2) 其它外部设备。PLC 还可能配设其它一些外部设备。

① 盒式磁带机，用以记录程序或信息。

② 打印机，用以打印程序或制表。

③ EPROM 写入器，用以将程序写入用户 EPROM 中。

④ 高分辨率大屏幕彩色图形监控系统，用以显示或监视有关部分的运行状态。

编程设备的使用请参考有关实训教材。

2. 可编程序控制器的工作原理

可编程序控制器的工作原理与计算机的工作原理基本上是一致的，可以简单地表述为在系统程序的管理下，通过运行应用程序完成用户任务。但个人计算机与 PLC 的工作方式有所不同，计算机一般采用等待命令的工作方式，如常见的键盘扫描方式或 I/O 扫描方式，当键盘有键按下或 I/O 口有信号输入时中断，转入相应的子程序；而 PLC 在确定了工作任务、装入了专用程序后成为一种专用机，它采用循环扫描工作方式，系统工作任务管理及应用程序执行都是以循环扫描方式完成的。下面对 PLC 的工作原理进行详细介绍。

1) 分时处理及扫描工作方式

PLC 系统正常工作所要完成的任务如下：

(1) 计算机内部各工作单元的调度、监控；

(2) 计算机与外部设备间的通信；

(3) 用户程序所要完成的工作。

这些任务都是分时完成的，每项任务又都包含着许多具体的工作，如用户程序的完成又可分为以下三个阶段：

① 输入处理阶段，也叫输入采样阶段。在这个阶段中，可编程序控制器读入输入口的状态，并将它们存放在输入状态暂存区中。

② 程序执行阶段。在这个阶段中，可编程序控制器根据本次读入的输入数据，按顺序逐条执行用户程序。执行的结果均存储在输出信号暂存区中。

③ 输出处理阶段，也叫输出刷新阶段。这是一个程序执行周期的最后阶段。可编程序控制器将本次执行用户程序的结果一次性地从输出状态暂存区送到各个输出口，对输出状态进行刷新。

这三个阶段也是分时完成的。为了连续地完成 PLC 所承担的工作，系统必须周而复始地依一定的顺序完成这一系列的具体工作。这种工作方式叫做循环扫描工作方式。PLC 用户程序执行阶段扫描工作过程如图 4-9 所示。

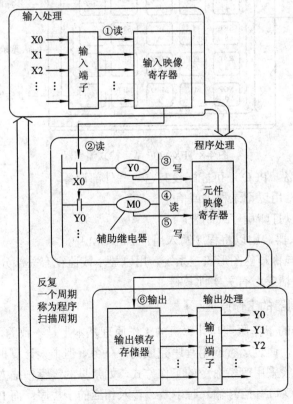

图 4-9 PLC 扫描工作过程

2) 扫描周期及 PLC 的两种工作状态

PLC 有两种基本的工作状态，即运行(RUN)状态与停止(STOP)状态。运行状态是执行应用程序的状态。停止状态一般用于程序的编制与修改。图 4-10 给出了运行和停止两种状态下 PLC 的扫描过程。由图可知，在这两个不同的工作状态中，扫描过程所要完成的任务是不尽相同的。

PLC 在 RUN 工作状态时，执行一次图 4-10 所示的扫描操作所需的时间称为扫描周期，其典型值为(1～100)ms。以 OMRON 公司 C 系列的 P 型机为例，其内部处理时间为 1.26 ms；执行编程器等外部设备命令所需的时间为(1～2)ms(未接外部设备时该时间为零)；输入、输出处理的执行时间小于 1 ms。指令执行所需的时间与用户程序的长短、指令的种类和 CPU 的执行速度有很大关系，PLC 厂家一般给出每执行 1 K(1 K = 1024)条基本逻辑指令所需的时间(以 ms 为单位)。某些厂家在说明书中还给出了执行各种指令所需的时间。一般来说，一个扫描过程中，执行指令的时间占了绝大部分。

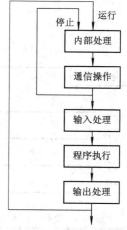

图 4-10　扫描过程示意图

3) 输入/输出滞后时间

输入/输出滞后时间又称为系统响应时间，是指 PLC 外部输入信号发生变化的时刻起至它控制的有关外部输出信号发生变化的时刻止之间的时间间隔。它由输入电路的滤波时间、输出模块的滞后时间和因扫描工作方式产生的滞后时间三部分所组成。

输入模块的 RC 滤波电路用来滤除由输入端引入的干扰噪声，消除因外接输入触点动作时产生抖动引起的不良影响。滤波时间常数决定了输入滤波时间的长短，其典型值为 10 ms 左右。

输出模块的滞后时间与模块开关元件的类型有关：继电器型输出电路的滞后时间一般最大值在 10 ms 左右；双向可控硅型输出电路在负载被接通时的滞后时间约为 1 ms，在负载由导通到断开时的最大滞后时间为 10 ms；晶体管型输出电路的滞后时间一般在 1 ms 左右。

下面分析由扫描工作方式引起的滞后时间。在图 4-11 所示的梯形图中，X0 是输入继电器，用来接收外部输入信号；波形图中最上一行是 X0 对应的经滤波后的外部输入信号的波形；Y0、Y1、Y2 是输出继电器，用来将输出信号传送给外部负载；X0 和 Y0、Y1、Y2 的波形表示对应的输入/输出映像寄存器的状态，高电平表示"1"状态，低电平表示"0"状态。

图 4-11 中输入信号在第一个扫描周期的输入处理阶段之后才出现，所以在第一个扫描周期内各映像寄存器均为"0"状态。

在第二个扫描周期的输入处理阶段，输入继电器 X0 的映像寄存器变为"1"状态。在程序执行阶段，由梯形图可知，Y1、Y2 依次接通，它们的映像寄存器都变为"1"状态。

在第三个扫描周期的程序执行阶段，Y1 的接通使 Y0 接通，Y0 的输出映像寄存器变为"1"状态。在输出处理阶段，Y0 对应的外部负载被接通。可见从外部输入触点接通到 Y0 驱动的负载接通，响应延迟最长可达两个多扫描周期。

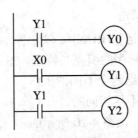

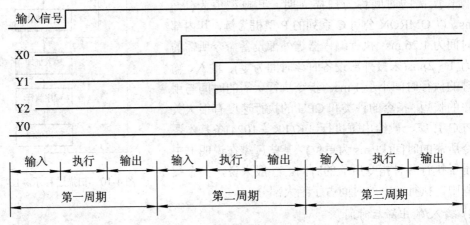

图 4-11 PLC 的输入/输出延迟

交换梯形图中第一行和第二行的位置，Y0 的延迟时间将减少一个扫描周期，可见这种延迟时间可以使用程序优化的方法减少。PLC 总的响应延迟时间一般只有数十毫秒，这对于一般的控制系统而言是无关紧要的。但也有少数系统对响应时间有特别的要求，这时就需选择扫描时间快的 PLC，或采取使输出与扫描周期脱离的控制方式来解决。

4.1.4 可编程序控制器的主要技术指标

PLC 的性能指标较多，现介绍与构建 PLC 控制系统关系较直接的几个技术指标。

1. I/O(输入/输出)点数

如前所述，输入/输出点数是 PLC 组成控制系统时所能接入的输入/输出信号的最大数量，表示 PLC 组成系统时可能的最大规模。这里有个问题要注意，在总的点数中，输入点与输出点总是按一定的比例设置的，往往是输入点数大于输出点数，且输入与输出点数不能相互替代。

2. 应用程序的存储容量

应用程序的存储容量是存放用户程序的存储器的容量。通常用 K 字(KW)、K 字节(KB)或 K 位(Kb)来表示，1 K＝1024。也有的 PLC 直接用所能存放的程序量表示。在一些文献中称 PLC 中存放程序的地址单位为"步"，每一步占用两个字，一条基本指令一般为一步。功能复杂的基本指令，特别是功能指令，往往有若干步，因而用"步"来表示程序容量，往往以最简单的基本指令为单位，称为多少 K 基本指令(步)。

若用字节表示，则一般小型机内存为 1 K 到几 K，大型机为几十 K，甚至可达 1 M～2 M 字节。

3. 扫描速度

扫描速度一般以执行 1000 条基本指令所需的时间来衡量，单位为毫秒/千步，也有以执行一步指令时间计的，如微秒/步。一般逻辑指令与运算指令的平均执行时间有较大的差别，因而在大多场合下，扫描速度往往还需要标明是执行哪类程序。

以下是扫描速度的参考值：由目前 PLC 采用的 CPU 的主频考虑，扫描速度比较慢的为 2.2 ms/K 逻辑运算程序和 60 ms/K 数字运算程序；较快的为 1 ms/K 逻辑运算程序和 10 ms/K 数字运算程序；更快的能达到 0.75 ms/K 逻辑运算程序。

不同厂家的 PLC，其编程语言不同，相互不兼容。梯形图语言、助记符语言较为常见，近年来功能图语言的使用量有上升趋势。一台机器能同时使用的编程方法多，则容易为更多的人使用。编程语言中还有一个内容是指令的功能。衡量指令功能强弱可看两个方面：一是指令条数多少，二是指令中有多少综合性指令。一条综合性指令一般就能完成一项专门操作。比如查表、排序及 PID 功能等，相当于一个子程序。指令的功能越强，使用这些指令完成一定的控制目的就越容易。

另外，可编程序控制器的可扩展性、可靠性、易操作性及经济性等指标也是用户关心的问题。

4.2　可编程序控制器的编程语言及分类

4.2.1　可编程序控制器的编程语言

PLC 的编程语言有梯形图语言、助记符语言、流程图语言和布尔代数语言等。其中前两种语言用得较多，流程图语言也在许多场合被采用。本节仅介绍梯形图语言和助记符语言的编程及其特点。

1. 梯形图语言

1) 梯形图与继电控制的区别

梯形图结构沿用继电控制原理图的形式，采用了常开触点、常闭触点、线圈和功能块等结构的图形语言。对于同一控制电路，继电控制原理图和梯形图的输入/输出信号基本相同，控制过程等效。二者的区别在于继电控制原理图使用的是硬件继电器和定时器，靠硬件连接组成控制线路，而 PLC 梯形图使用的是内部继电器、定时器和计数器，靠软件实现控制。因此，PLC 的使用具有很高的灵活性，程序修改过程非常方便。图 4-12 所示是一个继电器线路图和与其等效的 PLC 梯形图。

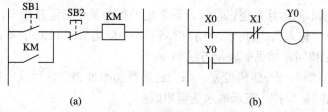

图 4-12　继电器线路图及其等效 PLC 梯形图

(a) 继电器线路图；(b) PLC 的梯形图

图 4-12(a)中 SB1 为常开按钮，SB2 为常闭按钮，KM 为继电器线圈。按下启动按钮 SB1，继电器 KM 的线圈通电，其常开触点 KM 闭合。由于常开触点 KM 与启动按钮 SB1 并联，因此即使松开启动按钮 SB1，已经闭合的常开触点 KM 仍然能使继电器 KM 的线圈通电，这个常开触点称作"自锁"触点。停止时，按下停止按钮 SB2，继电器 KM 的线圈失电。图 4-12(b)中 X0 为常开输入触点，X1 为常闭输入触点，Y0 表示输出，其工作状态受 X0、X1 信号控制，逻辑上与图 4-12(a)相同，但是 SB1、SB2 均为物理实体，而 X0、X1 等表示的可能是外部开关(或硬开关)，也可能是内部软开关或触点(内部软继电器触点)。

2) 梯形图的格式

(1) 梯形图按从上至下、每行从左至右的顺序编写。PLC 程序执行顺序与梯形图的编写顺序一致。

(2) 图左、右两边的垂直线分别称为起始母线和终止母线。每一逻辑行必须从起始母线开始画起，终止母线可以省略。

(3) 梯形图中的触点有两种，即常开触点和常闭触点。这些触点可以是 PLC 的输入触点或内部继电器触点，也可以是内部继电器、定时器/计数器的状态。与传统的继电器控制图一样，每一触点都有自己的特殊标记，以示区别。同一标记的触点可以反复使用，次数不限。这是因为每一触点的状态存入 PLC 内的存储单元中，可以反复读/写。传统继电器控制中的每个开关均对应一个物理实体，故使用次数有限。这是 PLC 优于传统控制的优点之一。

(4) 梯形图的最右侧必须连接输出元素。PLC 的输出元素用圆圈表示。机型不同时，输出元素的表示有些区别。同一输出变量只能使用一次。

(5) 梯形图中的触点可以任意串、并联，而输出线圈只能并联，不能串联。

(6) 程序结束时有结束符，一般用"END"表示。

利用计算机编程时，只要按梯形图的编写顺序把逻辑行输入计算机，再下传给 PLC 即可。也可以将梯形图转换成助记符语言，经编程器逐句输入 PLC。

2. 助记符语言

助记符语言是 PLC 的命令语句表达式。用梯形图编程虽然直观、简便，但要求 PLC 配置较大的显示器方可输入图形符号，这在有些小型机上常难以实现，故需借助助记符语言。应该指出的是，不同型号的 PLC，其助记符语言也不同，但其基本原理是相近的。编程时，一般先根据要求编制梯形图，然后再根据梯形图转换成助记符语言。

某一控制小车往返运动的梯形图编制如图 4-13 所示。根据梯形图，可以方便地转换出助记符语言。

PLC 中最基本的运算是逻辑运算，最常用的指令是逻辑运算指令，如与、或、非等。这些指令再加上"输入"、"输出"、"结束"等指令，就构成了 PLC 的基本指令。各型号 PLC 的指令符号不尽相同，常见的表示方法如下：

LD——表示输入一个逻辑变量，每一逻辑行起始处必须使用这一指令；

AND——逻辑"与"，表示输入变量串联；

OR——逻辑"或"，表示输入变量并联；

ANI(AND NOT)——逻辑"与非"；

LDI(LD NOT)——逻辑"非"，表示求反；

OUT——表示输出一个变量；

END——表示程序结束。

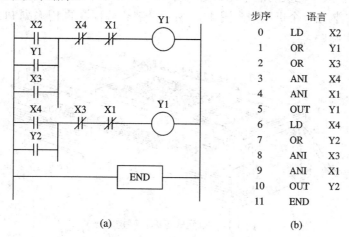

(a)   (b)

图 4-13　小车往返控制梯形图及助记符

(a) 梯形图；(b) 助记符语言

在使用这些逻辑指令时，需注意以下两点：

(1) 梯形图中的各触点，如图 4-13 中的 X1、X2、X3 等，各对应的是 PLC 中的一个存储单元，而不是简单对应触点本身的物理实体。所以，使用者不要把梯形图中的触点符号和实际的触点开关等同起来。在梯形图中，这些符号只是一个逻辑变量，常开触点断开时为逻辑"0"，接通时为逻辑"1"。

(2) 图 4-13 中的 X2、X3、X4 等作为输入端子分别接到三个外部触点开关上，这些触点开关本身是常开触点。在梯形图中如果要求这些触点作为常闭开关使用时，则须将输入状态求反后再存入 PLC 中，即在变量输入指令中使用 LDI 或 ANI。

4.2.2　可编程序控制器的分类

1. 按硬件的结构类型分类

可编程序控制器是专门为工业生产环境设计的，为了便于在工业现场安装，便于扩展，方便接线，其结构与普通计算机有很大区别，通常有单元式、模块式及叠装式三种结构。

1) 单元式结构

从结构上看，早期的可编程序控制器是把 CPU、RAM、ROM、I/O 接口及与编程器或 EPROM 写入器相连的接口、输入/输出端子、电源、指示灯等都装配在一起的整体装置。一个箱体就是一个完整的 PLC。它的特点是结构紧凑、体积小、成本低、安装方便；缺点是输入/输出点数是固定的，不一定能适合具体的控制现场的要求。有时单元式结构 PLC 的输入口或输出口要扩展，这就又需要一种只有一些接口而没有 CPU 也没有电源的装置。为了区分这两种装置，人们把前者叫做基本单元，而把后者叫做扩展单元。

某一系列的 PLC 产品通常都有不同点数的基本单元及扩展单元，单元的品种越多，其配置就越灵活。PLC 产品中还有一些功能单元，这是为某些特殊的控制目的设计的具有专门功能的设备，如高速计数单元、位控单元、温控单元等，通常都是智能单元，内部一般有自己专用的 CPU，它们可以和基本单元的 CPU 协同工作，构成一些专用的控制系统。

综上所述，扩展单元及功能单元都是相对基本单元而言的，单元式 PLC 的基本特征是一个完整的 PLC 装在一个机箱中。图 4-14 所示是装有编程器的 F₁ 系列 PLC，是单元式结构 PLC 的一个实例。

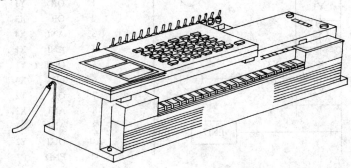

图 4-14 单元式可编程序控制器

2) 模块式结构

模块式结构又叫积木式结构，它的特点是把 PLC 的每个工作单元都制成独立的模块，如 CPU 模块、输入模块、输出模块、电源模块、通信模块等。另外，机器有一块带有插槽的母板，实质上就是计算机总线。按控制系统需要选取模块并插到母板上，就构成了一个完整的 PLC。这种结构的 PLC 的优点是系统构成非常灵活，安装、扩展、维修都很方便；缺点是体积比较大。图 4-15 所示为模块式 PLC 的示意图。

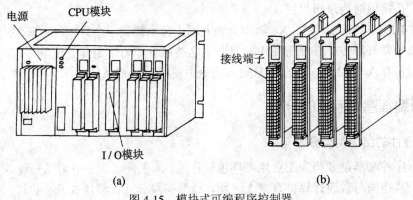

图 4-15 模块式可编程序控制器

3) 叠装式结构

叠装式结构是单元式结构和模块式结构相结合的产物。把某一系列 PLC 工作单元的外形都做成外观尺寸一致，CPU、I/O 口及电源也可以做成独立的，不使用模块式 PLC 中的母板，而采用电缆连接各个单元，在控制设备中安装时可以一层层地叠装，这就是叠装式PLC。叠装式 PLC 的一个实例为西门子的 S7-200 PLC，如图 4-16 所示。

单元式 PLC 一般用于规模较小、输入/输出点数固定、以后也少有扩展的场合。模块式PLC 一般用于规模较大、输入/输出点数较多且配置比例比较灵活的场合。叠装式 PLC 具有二者的优点，从近年来市场的需求看，单元式及模块式有结合为叠装式的趋势。

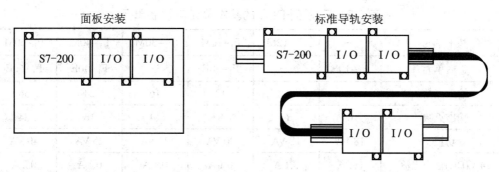

图 4-16 叠装式可编程序控制器

2. 按可应用规模及功能分类

为了适应不同工业生产过程的应用要求，PLC 能够处理的输入/输出信号数是不一样的。一般将一路信号叫做一个点，将输入/输出点数的总和称为机器的点数。按照点数的多少，可将 PLC 分为超小(微)、小、中、大、超大等五种类型。表 4-1 所示为 PLC 按点数规模分类的情况。这种划分并不十分严格，也不是一成不变的。随着 PLC 的不断发展，划分标准已有过多次的修改。

表 4-1　PLC 按规模分类

超小型	小　型	中　型	大　型	超大型
64 点以下	64 点～128 点	128 点～512 点	512 点～8192 点	8192 点以上

PLC 还可以按功能分为低档机、中档机及高档机。低档机以逻辑运算为主，具有计时、计数、移位等功能。中档机一般有整数及浮点运算、数制转换、PID 调节、中断控制及联网功能，可用于复杂的逻辑运算及闭环控制场合。高档机具有更强的数字处理能力，可进行矩阵运算和函数运算，可完成数据管理工作，有更强的数字处理能力，可以和其它计算机构成分布式生产过程综合控制管理系统。

PLC 按功能划分和按点数规模划分是有一定联系的，一般大型、超大型机都是高档机。机型和机器的结构形式及内部存储器的容量一般也有一定的联系，大型机一般都是模块式机，都有很大的内存容量。

4.2.3　三菱公司产品简介

三菱公司是日本生产 PLC 的主要厂家之一，先后推出的小型、超小型 PLC 有 F、F_1、F_2、FX_2、FX_1、FX_{2C}、FX_0、FX_{0N}、FX_{0S}、FX_{2N}、FX_{2NC} 等系列。其中 F 系列已停产；F_1 系列机在我国曾有较广泛的应用；FX_2 系列机是 F、F_1、F_2 等机型的更新换代产品，属于高性能叠装式机种，也是三菱公司的典型产品；FX_{2N} 机型则是三菱公司的近期产品，按叠装式配置。另外，三菱公司还生产 A 系列 PLC，这是一种中、大型模块式机型。

F_1、F_2 系列 PLC 由基本单元、扩展单元和特殊单元组成。表 4-2 给出了 F_1 系列 PLC 的基本单元及扩展单元的型号。型号由字母及数字组成，以 F_1–40M 为例，F_1 为系列名，40 为 I/O 总点数，数字后第一个字母 M 表示基本单元。扩展单元型号点数后的字母为 E。

表 4-2　F_1 系列 PLC 的基本单元与扩展单元

基本单元	—	F_1–12M	F_1–20M	F_1–30M	F_1–40M	F_1–60M
扩展单元	F_1–10E	—	F_1–20E	—	F_1–40E	F_1–60E
输入点数	4	6	12	16	24	36
输出点数	6	6	8	14	16	24
功耗	18 VA	18 VA	20 VA	22 VA	25 VA	40 VA
24 V(DC)输出电流	0.1 A	0.1 A	0.1 A	0.1 A	0.1 A	0.2 A

　　F_1 系列机的最大 I/O 点数为 120 点,指令的平均执行时间为 12 μs/步,用户程序存储容量为 1000 步。它有一个 6 位 BCD 码高速计数器,最高计数频率为 2 kHz。

　　FX_2 系列 PLC 是三菱公司高性能小型机的代表作。系统最大 I/O 点数为 128 点,配置扩展单元后可达 256 点。FX_2 系列机执行基本指令的速度为 0.48 μs/步,用户程序存储器的容量可扩展至 8 K 步。它有与 F_1 兼容的 20 条基本指令和 2 条步进指令,此外还有功能很强的 95 种功能指令。它有 6 个和普通输入口兼容的高速计数器输入点,最高计数频率为 10 kHz。FX_2 系列 PLC 在我国应用比较广泛。

4.3　三菱公司 FX_2 系列 PLC

4.3.1　硬件组成

　　FX_2 系列 PLC 由基本单元、扩展单元、扩展模块及特殊功能单元构成。

　　基本单元(Basic Unit)包括 CPU、存储器、输入/输出口及电源,是 PLC 的主要部分。扩展单元(Extension Unit)是用于增加 I/O 点数的装置,内部设有电源。扩展模块(Extension Module)用于增加 I/O 点数及改变 I/O 比例,内部无电源,用电由基本单元或扩展单元供给。因扩展单元及扩展模块无 CPU,故必须与基本单元一起使用。特殊功能单元(Special Function Unit)是一些具有专门用途的装置。FX_2 可编程序控制器属于叠装式 PLC,见图 4-16。图中绘有基本单元 FX_2–64MR 及扩展单元 FX–32ER 各一台。图中单元上、下两侧为输入口及输出口的螺钉接线端子及口指示灯。

　　FX_2 的基本单元、扩展单元、扩展模块的型号规格分别如表 4-3、表 4-4 和表 4-5 所示。

表 4-3　FX_2 基本单元型号规格

型　　　号		输入点数	输出点数	扩展模块
继电器输出	晶体管输出	(24 V DC)		最大 I/O 点数
FX_2–16MR	FX_2–16MT	8	8	16
FX_2–24MR	FX_2–24MT	12	12	16
FX_2–32MR	FX_2–32MT	16	16	16
FX_2–48MR	FX_2–48MT	24	24	32
FX_2–64MR	FX_2–64MT	32	32	32
FX_2–80MR	FX_2–80MT	40	40	32
FX_2–128MR	FX_2–128MT	64	64	

表 4-4　FX$_2$ 扩展单元型号规格

型　号	输入点数(24 V DC)	输出点数	扩展模块最大 I/O 点数
FX–32ER	16	16	16
FX–48ER	24	24	32
FX–48ET	24	24	32

表 4-5　FX$_2$ 扩展模块型号规格

型　号	输入点数(24 V DC)	输出点数	型　号	输入点数(24 V DC)	输出点数
FX–8EX	8	—	FX–16EYR	—	16
FX–16EX	16	—	FX–16EYT	—	16
FX–8EYR	—	8	FX–16EYS	—	16
FX–8EYT	—	8	FX–8ER	4	4
FX–8EYS	—	8			

用 FX$_2$ 的基本单元与扩展单元或扩展模块可构成 I/O 点数为 16 点～256 点的 PLC 系统。

4.3.2　型号命名规则

型号命名的基本格式如图 4-17 所示。

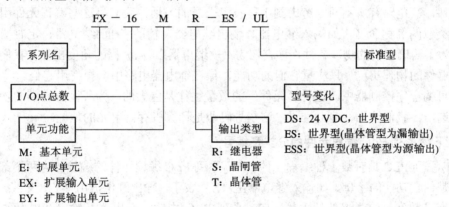

图 4-17　命名的基本格式

对于混合扩展模块及某些特殊模块，其命名规则与上述规则略有不同。

关于源型、漏型及世界型说明如下。

1. 共[＋]型(源型)与共[－]型(漏型)

对于 PLC 的输入端，电流流入的是源输入，电流流出的是漏输入。具体区别如下：

(1) 共[＋]型(源型)输入(Source Input)。输入元件的公共点电位相对为正。电流流入 PLC 的输入端。源/漏选择端[S/S]应与[0 V]端相连，如图 4-18 所示。

(2) 共[－]型(漏型)输入(Sink Input)。输入元件的公共点电位相对为负。电流流出 PLC 的输入端。源/漏选择端[S/S]应与[24 V]端相连，如图 4-19 所示。

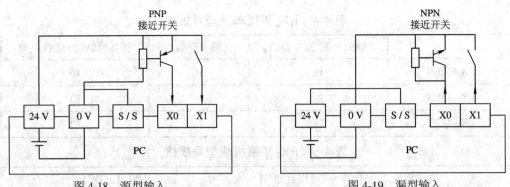

图 4-18　源型输入　　　　　　　　　　　图 4-19　漏型输入

对于 PLC 的输出端，电流流出的是源型输出，电流流入的是漏型输出。

2．世界型

世界型 PLC 可在世界范围内通用，因为它的电源电压范围很宽，且输入可由用户接成源型或漏型。除世界型外，FX 系列 PLC 还有在日本使用的日本型。

4.3.3　内部器件

可编程序控制器用于工业控制，其实质是用程序表达控制过程中事物间的逻辑或控制关系。而就程序来说，这种关系必须借助机内器件来表达，这就要求在可编程序控制器内部设置具有各种各样功能的、能方便地代表控制过程中各种事物的元器件。这就是编程元件。

可编程序控制器的编程元件从物理实质上来说是电子电路及存储器。具有不同使用目的的元件，其电路有所不同。考虑到工程技术人员的习惯，我们将这些编程元件用继电器电路中类似的名称命名，如输入继电器、输出继电器、辅助(中间)继电器、定时器、计数器等。为了明确它们的物理属性，称它们为"软继电器"。从编程的角度出发，我们可以不管这些器件的物理实现，只注重它们的功能，像在继电器电路中一样使用它们。

在可编程序控制器中，这种"元件"的数量往往是巨大的，为了区分它们的功能和不重复地选用，我们给元件编上号码，这些号码即是计算机存储单元的地址。

1．FX$_2$ 系列 PLC 编程元件的分类及编号

FX$_2$ 系列 PLC 具有数十种编程元件。FX$_2$ 系列 PLC 编程元件的编号分为两个部分，第一部分是代表功能的字母，如输入继电器用"X"表示，输出继电器用"Y"表示；第二部分为数字，数字为该类器件的序号。FX$_2$ 系列 PLC 中输入继电器及输出继电器的序号为八进制，其余器件序号为十进制。从元件的最大序号我们可以了解可编程序控制器可能具有的某类器件的最大数量。例如输入继电器的编号范围为 X0～X127，为八进制编号，则我们可计算出 FX$_2$ 系列 PLC 可能接入的最大输入信号数为 128 点。这是以 CPU 所能接入的最大输入信号数量表示的，并不是一台具体的基本单元或扩展单元所安装的输入口的数量。

2．编程元件的基本特征

编程元件的使用主要体现在程序中，一般可认为编程元件和继电接触器的元件类似，具有线圈和常开、常闭触点，而且触点的状态随着线圈的状态而变化，即当线圈被选中(通电)时，常开触点闭合，常闭触点断开，当线圈失去选中条件时，常闭触点接通，常开触点断开。和继电接触器器件不同的是，作为计算机的存储单元，从实质上来说，某个元件被选中，只是代表这个元件的存储单元置1，失去选中条件只是这个存储单元置0。由于元件只不过是存储单元，可以无限次地访问，因此可编程序控制器的编程元件可以有无数多个常开、常闭触点。和继电接触器元件不同的是，作为计算机的存储单元，可编程序控制器的元件可以组合使用。我们将在存储器中只占一位，其状态只有置1、置0两种情况的元件称为位元件，在以后的深入学习中还将接触到使用位元件的组合表示数据的位组合元件及字元件。

编程元件的使用有一定的要点，这些要点一般都可以反映在梯形图上。以下我们结合梯形图，介绍基本编程元件的使用要素。

3. 编程元件的使用要素

编程元件的使用要素包括元件的启动信号、复位信号、工作对象、设定值及掉电特性等，不同类型的元件涉及的使用要素不尽相同，现结合器件介绍如下。

1) 输入继电器

FX_2 系列可编程序控制器输入继电器编号范围为 X0～X127(128 点)。

可编程序控制器输入接口的一个接线点对应一个输入继电器。输入继电器是接收机外信号的窗口。从使用来说，输入继电器的线圈只能由机外信号驱动，在反映机内器件逻辑关系的梯形图中并不出现。梯形图中常见的是输入继电器的常开、常闭触点。它们的工作对象是其它软元件的线圈。图 4-20 中所示的常开触点 X1 即是输入继电器的应用举例。

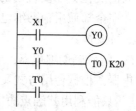

图 4-20　输入继电器的应用

2) 输出继电器

FX_2 系列可编程序控制器输出继电器编号范围为 Y0～Y127(128 点)。

可编程序控制器输出接口的一个接线点对应一个输出继电器。输出继电器是 PLC 中惟一具有外部触点的继电器。输出继电器可通过外部接点接通该输出口上连接的输出负载或执行器件。输出继电器的线圈只能由程序驱动，输出继电器内部的常开、常闭触点可作为其它器件的工作条件出现在程序中。图 4-20 中 X1 是输出继电器 Y0 的工作条件，X1 接通，Y0 置 1；X1 断开，Y0 复位。时间继电器 T0 在 Y0 的常开触点闭合后工作，T0 可以看作是 Y0 的工作对象(Y0 口上所接负载也称为输出继电器 Y0 的工作对象)。输出继电器为无掉电保持功能的继电器，也就是说，置 1 的输出继电器在 PLC 停电时其工作状态将归 0。

3) 辅助继电器

辅助继电器有通用辅助继电器和特殊辅助继电器两大类，现分别介绍。

(1) 通用辅助继电器：M0～M499(500 点)。可编程序控制器中配有大量的通用辅助继电器，其主要用途和继电器电路中的中间继电器类似，常用于逻辑运算的中间状态存储及信号类型的变换。辅助继电器的线圈只能由程序驱动，它只具有内部触点。如图 4-21 所示，X1 和 X2 并列为辅助继电器 M1 的工作条件，Y10 为辅助继电器 M1 和 M2 串联的工作对象。

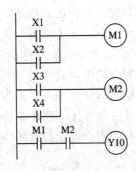
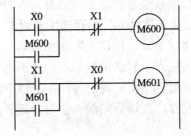

图 4-21 辅助继电器的应用　　　　　图 4-22 掉电保持辅助继电器的应用

(2) 掉电保持辅助继电器：M500~M1023 (524 点)。掉电保持辅助继电器具有记忆能力。所谓掉电保持，是指在 PLC 外部电源停电后，由机内电池为某些特殊工作单元供电，可以记忆它们在掉电前的状态。

例如，图 4-22 所示为滑块左右往复运动机构，X1 和 X2 外接往复运动两端限位开关，若辅助继电器 M600 及 M601 的状态决定电动机的转向，且 M600 及 M601 为掉电保持辅助继电器，则在机构掉电又来电时，电机可仍按掉电前的转向运行，直到碰到限位开关才发生转向的变化。需要说明的是，哪些辅助继电器(含后述各种元件)具有掉电保持功能可由使用者在全部通用辅助继电器编号内自由设置。前述有关编号范围的划分，只是机器出厂时的一种安排。

(3) 特殊辅助继电器：M8000~M8255(256 点)。特殊辅助继电器是具有特定功能的辅助继电器。根据使用方式又可以分为两类。

① 只能利用其触点的特殊辅助继电器：其线圈由 PLC 自行驱动，用户只能利用其触点。这类特殊辅助继电器常用做时基、状态标志或专用控制元件出现在程序中。例如：

M8000：运行标志(RUN)，PLC 运行时监控接通；

M8002：初始化脉冲，只在 PLC 开始运行的第一个扫描周期接通；

M8012：100 ms 时钟脉冲；

M8013：1 s 时钟脉冲。

② 可驱动线圈的特殊辅助继电器：用户驱动线圈后，PLC 做特定动作。例如：

M8030：使 BATTLED(锂电池欠压指示灯)熄灭；

M8033：PLC 停止时输出保持；

M8034：禁止全部输出；

M8039：定时扫描方式。

注意，未定义的特殊辅助继电器不可在程序中使用。

4) 定时器

定时器相当于继电器电路中的时间继电器，可在程序中用作延时控制。FX$_2$ 系列可编程序控制器定时器具有以下四种类型：

100 ms 定时器：T0~T199，200 点，计时范围为 0.1 s~3276.7 s；

10 ms 定时器：T200~T245，46 点，计时范围为 0.01 s~327.67 s；

1 ms 积算定时器：T246~T249，4 点(中断动作)，计时范围为 0.001 s~32.767 s；

100 ms 积算定时器：T250～T255，6 点，计时范围为 0.1 s～3276.7 s。

可编程序控制器中的定时器是根据时钟脉冲累积计时的，时钟脉冲有 1 ms、10 ms、100 ms 等不同规格(定时器的工作过程实际上是对时钟脉冲计数)。因工作需要，定时器除了占有自己编号的存储器位外，还占有一个设定值寄存器(字)和一个当前值寄存器(字)。设定值寄存器存储编程时赋值的计时时间设定值。当前值寄存器记录计时当前值。这些寄存器为 16 位二进制存储器，其最大值乘以定时器的计时单位值即为定时器的最大计时范围值。定时器满足计时条件时开始计时，当前值寄存器则开始计数，当前值与设定值相等时定时器动作，其常开触点接通，常闭触点断开，并通过程序作用于控制对象，达到时间控制的目的。

图 4-23 所示为定时器在梯形图中应用的情况。图 4-23(a)所示为普通的非积算定时器，图 4-23(b)所示为积算定时器。图 4-23(a)中 X1 为计时条件，当 X1 接通时定时器 T10 计时开始。K20 为设定值。十进制数"20"为该定时器计时单位值的倍数。T10 为 100 ms 定时器，当设定值为"K20"时，其计时时间为 2 s。Y10 为定时器的工作对象。当计时时间到时，定时器 T10 的常开触点接通，Y10 置 1。T10 为非积算定时器。在其开始计时且未达到设定值时，计时条件 X1 断开或 PLC 电源停电，计时过程中止且当前值寄存器复位(置 0)。当 X1 断开或 PLC 电源停电发生在计时过程完成且定时器的触点已动作时，触点的动作也不能保持。

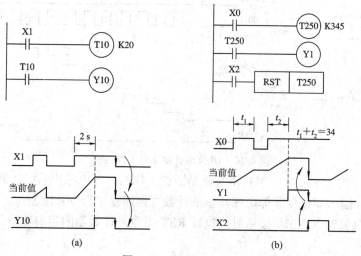

图 4-23　定时器的应用

(a) 非积算定时器；(b) 积算定时器

若把定时器 T10 换成积算定时器 T250，情况就不一样了。积算定时器在计时条件失去或 PLC 失电时，其当前值寄存器的内容及触点状态均可保持，可"累计"计时时间，所以称为"积算"。图 4-23(b)所示为积算定时器 T250 的工作梯形图。因积算定时器的当前值寄存器及触点都有记忆功能，故其复位时必须在程序中加入专门的复位指令，图中 X2 即为复位条件。当 X2 接通执行"RST T250"指令时，T250 的当前值寄存器及触点同时置 0。

定时器可以使用立即数 K 作为设定值，如图 4-23 中的"K20"及"K345"，也可用数据寄存器的内容作为设定值，如设定时器的设定值为"D10"而"D10"中的内容为 100，则定时器的设定值为 100。在使用数据寄存器设定定时器的设定值时，一般使用具有掉电保持功能的数据寄存器。即使如此，当备用电池电压降低时，定时器仍可能发生误动作。

5) 计数器

计数器在程序中用作计数控制。FX$_2$ 系列可编程序控制器计数器可分为内部计数器及外部计数器。内部计数器是对机内元件（X、Y、M、S、T 和 C）的信号计数的计数器。机内信号的频率低于扫描频率，因而是低速计数器。对高于机器扫描频率的信号进行计数，需用高速计数器。现将普通计数器分类介绍如下：

(1) 16 位增计数器(设定值：1～32 767)。有两种 16 位二进制增计数器。

通用：C0～C99(100 点)；

掉电保持用：C100～C199(100 点)。

16 位指其设定值及当前值寄存器为二进制 16 位寄存器，其设定值在 K1～K32 767 范围内有效。设定值 K0 与 K1 意义相同，均在第一次计数时其触点动作。

图 4-24 所示为 16 位增计数器的工作过程。图中计数输入 X011 是计数器的工作条件，X011 每次驱动计数器 C0 的线圈时，计数器的当前值加 1。K10 为计数器的设定值。当第 10 次执行线圈指令时，计数器的当前值和设定值相等，输出触点就动作。Y000 为计数器 C0 的工作对象，在 C0 的常开触点接通时置 1。而后即使计数器输入 X011 再动作，计数器的当前值也保持不变。

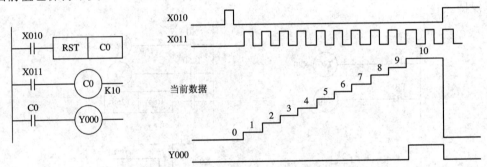

图 4-24　16 位增计数器的工作过程

由于计数器的工作条件 X011 本身就是断续工作的，外电源正常时，其当前值寄存器具有记忆功能，因而即使是非掉电保持型的计数器也需复位指令才能复位。图中，X010 为复位条件。当复位输入 X010 接通时，执行 RST 指令，计数器的当前值复位为 0，输出触点也复位。

计数器的设定值，除了使用常数设定外，也可间接通过数据寄存器设定。

使用计数器 C100～C199 时，即使停电，当前值和输出触点的置位/复位状态也能保持。

(2) 32 位增/减计数器(设定值–2 147 483 648～+2 147 483 647)。有两种 32 位的增/减计数器。

通用：C200～C219(20 点)；

掉电保持用：C220～C234(15 点)。

32 位指其设定值寄存器为 32 位。由于是双向计数，32 位的首位为符号位。设定值的最大绝对值为 31 位二进制数所表示的十进制数，即为–2 147 483 648～+2 147 483 647。设定值可直接用常数 K 或间接用数据寄存器 D 的内容。间接设定时，要用元件号紧连在一起的两个数据寄存器。

计数的方向(增计数或减计数)由特殊辅助继电器 M8200～M8234 设定。

对于 CΔΔΔ，当 M8ΔΔΔ 接通(置 1)时为减法计数，当 M8ΔΔΔ 断开(置 0)时为加法计数。

图 4-25 所示为增/减计数器的动作过程。图中 X14 作为计数输入驱动 C200 线圈进行加计数或减计数。X12 为计数方向选择。计数器设定值为−5，当计数器的当前值由−6 增加为−5 时，其触点置 1；由−5 减少为−6 时，其触点置 0。

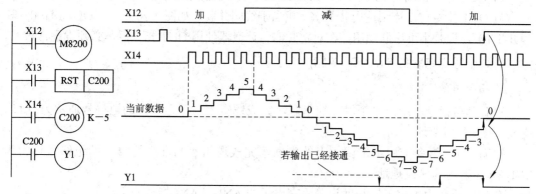

图 4-25　增/减计数器的动作过程

32 位增/减计数器为循环计数器。当前值的增减虽与输出触点的动作无关，但从 +2 147 483 647 起再进行加计数，当前值就变成−2 147 483 648；从−2 147 483 648 起再进行减计数，当前值就变为+2 147 483 647。

当复位条件 X13 接通时，执行 RST 指令，则计数器的当前值为 0，输出触点也复位；使用断电保持计数器，其当前值和输出触点状态皆能断电保持。

32 位计数器可当作 32 位数据寄存器使用，但不能用作 16 位指令中的操作元件。

4.3.4　基本逻辑指令系统

1. 逻辑取与输出线圈驱动指令(LD、LDI、OUT)

1) 指令用法

LD：取指令，用于常开触点与母线连接。

LDI：取反指令，用于常闭触点与母线连接。

OUT：线圈驱动指令，用于利用逻辑运算的结果驱动一个指定线圈。

图 4-26 所示的梯形图和助记符语言表示上述指令用法。

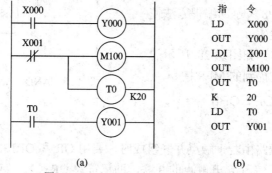

图 4-26　LD、LDI、OUT 指令的用法

(a) 梯形图；(b) 助记符语言

2) 指令用法说明

(1) LD、LDI 指令用于将触点接到母线上，操作目标元件为 X、Y、M、T、C、S；还可以与 ANB、ORB 指令配合，用于分支回路的起点。

(2) OUT 指令的目标元件为 Y、M、T、C、S 和功能指令线圈。

(3) OUT 指令可以连续使用若干次，相当于线圈并联，如图 4-26 中的 "OUT M100" 和 "OUT T0"，但是不可串联使用。在对定时器、计数器使用 OUT 指令后，必须设置常数 K。

2. 单个触点串联指令(AND、ANI)

1) 指令用法

AND：与指令。用于单个触点的串联，完成逻辑"与"运算，助记符号通常为 AND ××。×× 为触点地址。

ANI：与反指令。用于常闭触点的串联，完成逻辑"与非"运算，助记符号通常为 ANI××。×× 为触点地址。

图 4-27 所示为用梯形图和助记符语言表示的 AND、ANI 指令的用法。

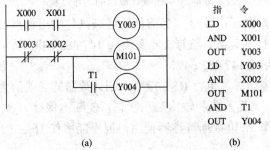

图 4-27 AND、ANI 指令的用法

(a) 梯形图；(b) 助记符语言

2) 指令用法说明

(1) AND、ANI 指令均用于单个触点的串联，串联触点数目没有限制。该指令可以重复使用多次。指令的目标元件为 X、Y、M、T、C、S。

(2) OUT 指令后，通过触点对其它线圈使用 OUT 指令称为纵接输出，如图 4-27 中 OUT M101 指令后，再通过 T1 触点去驱动 Y004。这种纵接输出，在顺序正确的前提下，可以多次使用。注意，图 4-28 所示的编程方法使用纵接输出指令是错误的。

如果程序中必须用到如图 4-28 所示的梯形图，则要使用后文提到的 MPS 指令。

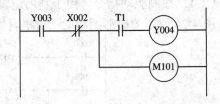

图 4-28 AND、ANI 指令的错误用法

3. 触点并联指令(OR、ORI)

1) 指令用法

当梯形图的控制线路由若干触点并联组成时，要用 OR 和 ORI 指令。

OR：或指令。用于单个常开触点的并联，助记符为 OR××。×× 表示触点地址。

ORI：或反指令。用于单个常闭触点的并联，助记符为 ORI××。×× 表示触点地址。

这两个指令的用法如图 4-29 所示。

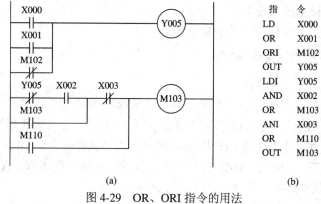

图 4-29 OR、ORI 指令的用法

(a) 梯形图；(b) 助记符语言

2) 指令用法说明

(1) OR、ORI 指令用于一个触点的并联连接指令。若将两个以上的触点串联连接的电路块并联连接，则要用后文提到的 ORB 指令。

(2) OR、ORI 指令并联触点时，是从指令的当前步开始，对前面的 LD、LDI 指令并联连接。这两个指令并联连接的次数不限。

4. 串联电路块的并联指令(ORB)

1) 指令用法

当一个梯形图的控制线路由若干个先串联、后并联的触点组成时，可将每组串联的触点看做一个块。与左母线相连的最上面的块按照触点串联的方式编写语句，下面依次并联的块称做子块。每个子块左边第一个触点用 LD 或 LDI 指令，其余串联的触点用 AND 或 ANI 指令。每个子块的语句编写完后，加一条 ORB 指令作为该指令的结尾。ORB 指令的作用是将串联块相并联，是块或指令。ORB 指令的用法如图 4-30 所示。

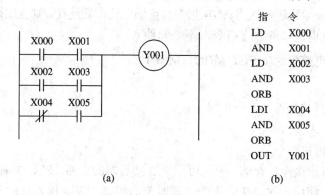

图 4-30 ORB 指令的用法

(a) 梯形图；(b) 助记符语言

2) 指令用法说明

(1) 两个以上的触点串联连接的电路称为串联电路块。串联电路块并联时，各电路块分支的开始用 LD 或 LDI 指令，分支结尾用 ORB 指令。

(2) 若需将多个串联电路块并联，则在每一电路块后面加上一条 ORB 指令。用这种办法编程对并联的支路数没有限制。

(3) ORB 指令为无操作元件号的独立指令。

5. 并联电路块的串联指令(ANB)

1) 指令用法

当一个梯形图的控制线路由若干个先并联、后串联的触点组成时，可将每组并联看成一个块。与左母线相连的块按照触点并联的方式编写语句，其后依次相连的块称做子块。每个子块最上面的触点用 LD 或 LDI 指令，其余与其并联的触点用 OR 或 ORI 指令。每个子块的语句编写完后，加一条 ANB 指令，表示各并联电路块的串联。ANB 将并联块相串联，为块与指令。ANB 指令的用法如图 4-31 所示。

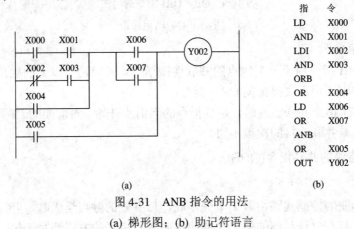

指	令
LD	X000
AND	X001
LDI	X002
AND	X003
ORB	
OR	X004
LD	X006
OR	X007
ANB	
OR	X005
OUT	Y002

(a)　　　　　　　　　　　　　　　　(b)

图 4-31　ANB 指令的用法

(a) 梯形图；(b) 助记符语言

2) 指令使用说明

(1) 在使用 ANB 指令之前，应先完成并联电路块的内部连接。并联电路块中各支路的起点用 LD 或 LDI 指令，在并联好电路块后，使用 ANB 指令与前面电路串联。

(2) 若多个并联电路块顺次用 ANB 指令与前面电路串联连接，则 ANB 的使用次数不限。

(3) ANB 指令也是一条独立指令，不带元件号。

6. 多重输出电路指令(MPS、MRD、MPP)

1) 指令用法

MPS(Push)：进栈指令。

MRD(Read)：读栈指令。

MPP(POP)：出栈指令。

这组指令可将连接点先存储，因此可用于连接后面的电路。PLC 中有 11 个存储运算中间结果的存储器，使用一次 MPS 指令，该时刻的运算结果就推入栈的第一段。再次使用 MPS 指令时，当时的运算结果推入栈的第一段，先推入的数据依次向栈的下一段推移。

使用 MPP 指令，各数据依次向上段压移。最上段的数据在读出后就从栈内消失。

MRD 是最上段所存的最新数据的读出专业指令。栈内的数据不发生下压或上托。

下面介绍利用 MPS、MRD 和 MPP 编程的例子。

(1) 占用堆栈一层栈梯形图的例子，如图 4-32 所示。

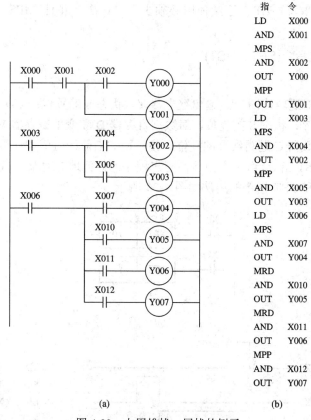

指	令
LD	X000
AND	X001
MPS	
AND	X002
OUT	Y000
MPP	
OUT	Y001
LD	X003
MPS	
AND	X004
OUT	Y002
MPP	
AND	X005
OUT	Y003
LD	X006
MPS	
AND	X007
OUT	Y004
MRD	
AND	X010
OUT	Y005
MRD	
AND	X011
OUT	Y006
MPP	
AND	X012
OUT	Y007

(a)　　　　　　　　　　(b)

图 4-32　占用堆栈一层栈的例子

(a) 梯形图；(b) 助记符语言

(2) 占用堆栈二层栈梯形图的例子，如图 4-33 所示。

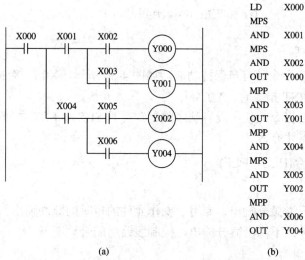

指	令
LD	X000
MPS	
AND	X001
MPS	
AND	X002
OUT	Y000
MPP	
AND	X003
OUT	Y001
MPP	
AND	X004
MPS	
AND	X005
OUT	Y002
MPP	
AND	X006
OUT	Y004

(a)　　　　　　　　　　(b)

图 4-33　占用堆栈二层栈的例子

(a) 梯形图；(b) 助记符语言

2) 指令使用说明

无论何时，MPS 和 MPP 连续使用必须少于 11 次，并且 MPS 与 MPP 必须配对使用。

7. 置位与复位指令(SET、RST)

1) 指令用法

SET 指令用于对逻辑线圈 M、输出继电器 Y、状态 S 的置位；RST 指令用于对逻辑线圈 M、输出继电器 Y、状态 S 的复位，对数据寄存器 D 和变址寄存器 V、Z 的清零，还用于对计时器 T 和计数器 C 逻辑线圈的复位，使它们的当前计时值和计数值清零。

使用 SET 和 RST 指令，可以方便地在用户程序的任何地方对某个状态或事件设置标志和清除标志。SET 和 RST 指令的用法如图 4-34 所示。

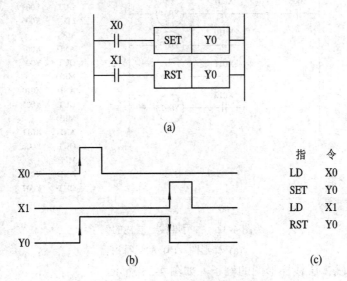

图 4-34　SET、RST 指令的用法

(a) 梯形图；(b) 波形图；(c) 助记符语言

2) 指令使用说明

(1) SET 和 RST 指令具有自保持功能，如图 4-34 所示，X0 一接通，即使再断开，Y0 也保持接通。当用 RST 指令时，Y0 断开。

(2) SET 和 RST 指令的使用没有顺序限制，并且 SET 和 RST 之间可以插入别的程序，但在最后执行的一条才有效。

8. 脉冲输出指令(PLS、PLF)

1) 指令用法

PLS 脉冲：上升沿微分输出，专用于操作元件的短时间脉冲输出。

PLF 下降沿脉冲：下降沿微分输出，控制线路由闭合到断开。

2) 指令使用说明

下面以图 4-35 为例，说明这两个指令的用法。

(1) 使用 PLS 指令，元件 Y、M 仅在驱动输入接通后的一个扫描周期内动作；使用 PLF 指令，元件 Y、M 仅在驱动输入断开后的一个扫描周期内动作。

(2) 特殊继电器不能用作 PLS 或 PLF 的操作元件。

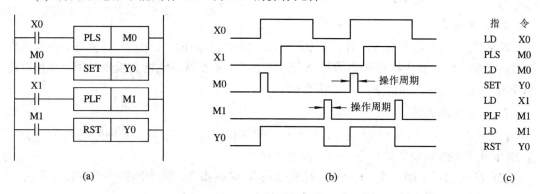

图 4-35 PLS、PLF 指令的应用

(a) 梯形图；(b) 波形图；(c) 助记符语言

9. 主控指令(MC、MCR)

1) 指令用法

MC 为主控指令，在主控电路块起点使用；MCR 为主控复位指令，在主控电路块终点使用。其目的操作数(D)的选择范围为输出线圈 Y 和逻辑线圈 M，常数 n 为嵌套数，选择范围为 N0～N7。这两条指令的用法如图 4-36 所示。

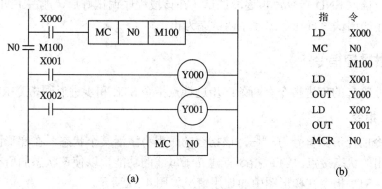

图 4-36 MC、MCR 指令用法

(a) 梯形图；(b) 助记符语言

2) 使用说明

(1) 输入接通时，执行 MC 与 MCR 之间的指令。如图 4-36 中 X000 接通时，执行该指令。当输入断开时，扫描 MC 与 MCR 指令之间各梯形图的情况如下：

保持当前状态的元件：计数器和失电保护计时器、用 SET/RST 指令驱动的元件；

变成断开的元件：普通计时器、各逻辑线圈和输出线圈。

(2) 执行 MC 指令后，母线(LD，LDI)移至 MC 触点之后，返回原来母线的指令是 MCR。MC、MCR 指令必须成对使用。

(3) 使用不同的 Y、M 元件号，可多次使用 MC 指令。

(4) 在 MC 指令内再使用 MC 指令时,嵌套级的编号就顺次增大(按程序顺序由小到大),返回时用 MCR 指令, 从大的嵌套级开始解除(按程序顺序由大到小)。

10. 空操作指令(NOP)

1) 指令用法

NOP 是一条空操作指令,用于程序的修改。NOP 指令在程序中占一个步序,没有元件编号。在使用时,预先在程序中插入 NOP 指令,以备在修改或增加指令时用。还可以用 NOP 指令取代已写入的指令,从而修改程序。

2) 指令使用说明

(1) 若在程序中加入 NOP 指令,则改动或追加程序时,可以减少步序号的改变。另外,用 NOP 指令替换已写入的指令,也可改变电路。

(2) 若将 LD、LDI、AND、ORB 等指令换成 NOP 指令,则电路构成将有较大变化。

(3) 执行全清操作后,全部指令都变成 NOP。

11. 程序结束指令(END)

END 指令用于程序的结束,是无元件编号的独立指令。

可编程序控制器按照输入处理、程序执行、输出处理循环工作,若在程序中不写入 END 指令,则可编程序控制器从用户程序的第一步扫描到程序存储器的最后一步。若在程序中写入 END 指令,则 END 以后的程序步不再扫描,而是直接进行输出处理。也就是说,使用 END 指令可以缩短扫描周期。END 指令的另一个用处是分段程序调试。在程序调试过程中,可分段插入 END 指令,再逐段调试,在该段程序调试好后,删去 END 指令,然后进行下段程序的调试,直到全部程序调试完为止。

4.3.5 步进顺控指令

FX$_2$ 系列 PLC 的步进指令有两条: 步进接点指令 STL 和步进返回指令 RET。

1. STL 指令

STL 指令的梯形图符号为 ─┤├─ ,该指令的作用为激活某个状态,在梯形图上体现为从主母线上引出的状态接点。STL 指令有建立子母线的功能,以使该状态的所有操作均在子母线上进行。STL 指令在梯形图中的使用情况如图 4-37 所示。

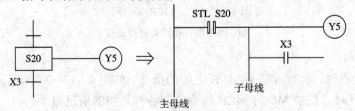

图 4-37 步进接点指令 STL 的符号及含义

2. RET 指令

RET 指令的梯形图符号为 ─│RET│ ,该指令用于返回主母线,使步进顺控程序执行完毕时,非状态程序的操作在主母线上完成,防止出现逻辑错误。状态转移程序的结尾必须使用 RET 指令。

4.3.6 常用功能指令

1. 传送指令(MOV)

MOV 是数据传送指令。该指令操作数选用范围及梯形图如图 4-38 所示，在其操作码之前加"D"表示其操作数为 32 位的二进制数，在其操作码之后加"P"表示控制线路由"断开"到"闭合"时才将源操作数 [S.] 内的数据传送到目的操作数 [D.] 中去。如果源操作数 [S.] 内的数据是十进制的常数，则 CPU 自动地将其转换成二进制数，然后再传送到目的操作数 [D.] 中去。

在图 4-38(b)中，当常开触点 X10 断开时，不执行数据传送操作；当常开触点 X10 闭合时，每扫描一次梯形图，就将源操作数 [S.] 的数 K100 自动转换成二进制数，再传送到数据寄存器 D10 中去。

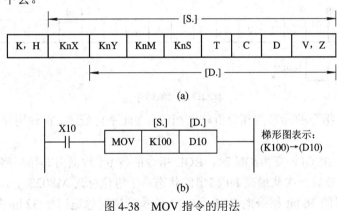

(a)

(b)

图 4-38　MOV 指令的用法

(a) 操作数选用范围；(b) 梯形图

2. 循环移位指令(ROR、ROL)

ROR：右循环移位指令。

ROL：左循环移位指令。

循环移位指令的操作元件如图 4-39 所示。

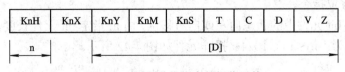

图 4-39　循环移位指令的操作元件

程序步数：ROR、ROR(P)、ROL、ROL(P)……为 5 步，操作码后加"P"，表示当其控制线路由"断开"到"闭合"时才执行该指令；(D)ROR、(D)ROR(P)、(D)ROL、(D)ROL(P)……为 9 步，操作码之前加"D"，表示其操作数为 32 位的二进制数。

移位量：n < 16(16 bit 指令)；n < 32(32 bit 指令)。

标志：M8022(进位)。

ROL 指令的用法如图 4-40 所示。

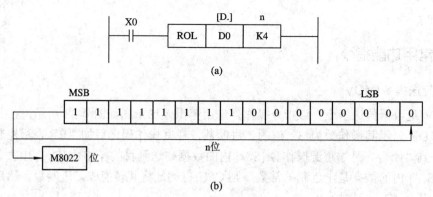

图 4-40　ROL 指令的用法

(a) 梯形图；(b) 数据的初始状态

当执行一次 ROL 指令后，图 4-40 (b)所示的数据初始状态将变为图 4-41 所示的状态。

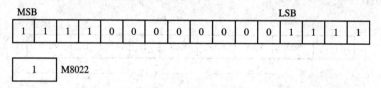

图 4-41　循环示意

右循环 ROR 指令的梯形图和分析与之相似，在此不再赘述。在使用循环移位指令时应注意以下四点：

(1) 每次 X0 由 OFF 变为 ON 时，ROL 指令的各 bit 数据向左循环移位"n" bit(ROR 指令则向右移)。最后一次从最高 bit 移出的状态存于进位标志 M8022 中。

(2) 上面解释的 16 bit 指令的 ROL、ROR 的执行情况也适用于 32 bit 指令的。

(3) 用连续执行指令时，循环移位操作每个周期执行一次。

(4) 若在目标元件中指定"位"数，则只能用 K4(16 bit 指令)和 K8(32 bit)指令，如 K4Y10、K8M0。

3. 移位指令(SFTL、SFTR)

SFTL：左移位指令。

SFTR：右移位指令。

移位指令使 bit 元件中的状态向左或向右移位，由 n_1 指定 bit 元件长度，n_2 指定移位 bit 数，二者的关系为：$n_2 < n_1 < 1024$。操作元件如图 4-42 所示。

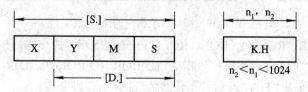

图 4-42　移位指令的操作元件

当用脉冲指令时，在执行条件的上升沿时执行。当用连续指令时，若执行条件为 ON，则每个扫描周期执行一次。该指令的用法如图 4-43 所示。

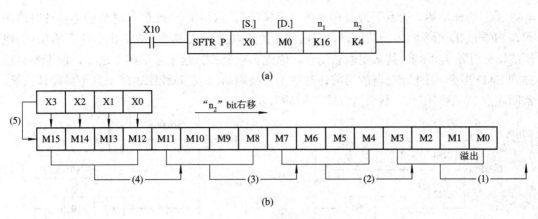

(a)

(b)

图 4-43　移位指令的用法

(a) 梯形图；(b) 右移位数据示意

如图 4-43 所示，当 X10 由 OFF 变为 ON 时，数据发生如下变化：

(1) M3～M0→溢出；

(2) M7～M4→M3～M0；

(3) M11～M8→M7～M4：

(4) M15～M12→M11～M8；

(5) X3～X0→M15～M12。

左移循环指令的使用方法与右移循环指令的基本相同，请读者自行分析，在此不再赘述。

4. 条件跳转指令(CJ)

CJ 和 CJ(P)：条件跳转指令。该指令用于跳过顺序程序中的某一部分，以减少扫描时间。操作码后加 "P"，表示当其控制线路由 "断开" 到 "闭合" 时才执行该指令。操作元件为指针 P0～P63，其中 P63 即 END，无须再标号。该指令的用法如图 4-44 所示。

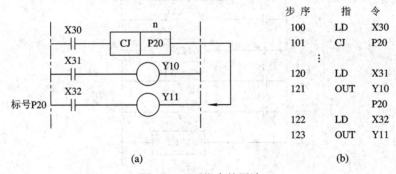

步 序	指 令	
100	LD	X30
101	CJ	P20
⋮		
120	LD	X31
121	OUT	Y10
		P20
122	LD	X32
123	OUT	Y11

(a)　　　　　　　　　　(b)

图 4-44　CJ 指令的用法

(a) 梯形图及条件跳转示意；(b) 助记符语言

跳转指针标号一般在 CJ 指令之后，如图 4-44 所示。执行跳转指令时，其间的梯形图不再被扫描，这些梯形图的状态和数据被冻结。由于这些梯形图不再被扫描，因此扫描周期缩短了。值得说明的是，跳转指针标号也可出现在跳转指令之前，如图 4-45 所示。图中触点 X20 的通电时间不能超过 100 ms，否则会引起警戒时钟出错。但是，不能采用如图

4-46 所示的梯形图，否则会造成程序的"死循环"。这是由于 PLC 计时器的当前计时值必须在扫描 END 指令时才能被刷新，而扫描如图 4-46 所示的梯形图时，由于计数器 T0 的逻辑线圈一开始为"0"，其常闭触点闭合，因此会重复扫描这段梯形图。这样，由于不会扫描到 END 指令，因此计时器的当前计时值不会被刷新，其逻辑线圈也就一直不可能被接通，常闭触点 T0 始终闭合，从而造成"死循环"。

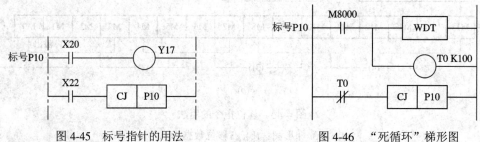

图 4-45　标号指针的用法　　　　　　　图 4-46　"死循环"梯形图

在一个程序中一个标号只能出现一次，否则程序会出错。但是在同一程序中两条跳转指令可以使用相同的指针号，编程时注意两条跳转指令分别实现跳转。

5. 子程序指令(CALL、SRET)

CALL 和 CALL(P)：子程序调用指令。操作元件为指针 P0～P62，操作码后加"P"表示当其控制线路由"断开"到"闭合"时才执行该指令。

SRET：子程序返回指令，指令不需要控制线路，直接与左母线相连。

子程序指令的梯形图如图 4-47 所示。当常开触点 X0"断开"时，不执行子程序 P10 的调用；当常开触点 X0"闭合"时，CPU 扫描到指针为 P10 的子程序调用指令的梯形图，立即停止对主程序的扫描。待扫描到 SRET 指令后，再返回到主程序继续扫描。编制程序时，子程序必须编制在 FEND 指令之后。

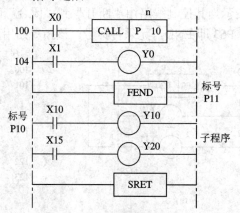

图 4-47　子程序指令梯形图

图 4-48 所示是使用 CALL(P)指令和子程序嵌套的梯形图。CALL(P)指令指针 P11 仅 X1 由 OFF 变为 ON 时执行一次。在执行 P11 子程序时，如果 CALLP12 指令被执行，则程序跳到子程序 P12。在 SRET(2)指令执行后，程序返回子程序 P11 中 CALLP12 指令的下一步。在 SRET(1)指令执行后再返回主程序。编程时，最多可有 5 级子程序嵌套。如果在子程序中使用定时器，则规定范围为 T192～T199 和 T246～T249。

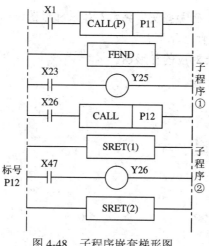

图 4-48　子程序嵌套梯形图

6. 初始状态指令(IST)

IST 是初始状态指令。图 4-49 所示是该指令的梯形图和操作数选用的范围。梯形图中，(1)表示输入的首元件号，由 X20～X27 组成；(2)表示自动状态下的最小状态号；(3)表示自动状态下的最大状态号。其中(2)、(3)的状态号 S 选用范围为 S20～S899，并且最大状态号的地址必须大于最小状态号的地址。与该指令有关的特殊逻辑线圈有 8 个，即 M8040～M8047。其中，当 M8040 为 1 时，禁止状态转移，当 M8040 为 0 时，允许状态转移；当 M8041 为 1 时，允许在自动工作方式下，从目的操作数 [D1.] 所使用的最低位状态开始进行状态转移，反之，则禁止转移；当输入端 X26 由"断开"到"闭合"时，M8042 产生一个脉宽为一个扫描周期的脉冲；当 M8043 为 1 时，表示返回原点工作方式结束，允许进入自动工作方式，反之，则不允许进入自动工作方式；当 M8047 为 1 时，只要状态 S0～S999 中任何一个状态为 1，M8046 就为 1，同时，特殊数据寄存器 D8040 内的数表示 S0～S999 中状态为 1 的最低的地址，D8041～D8047 内的数依次代表其它各状态为 1 的地址，当M8047 为 0 时，不论状态 S0～S999 有多少个 1，M8046 始终为 0，D8040～D8047 内的数不变。

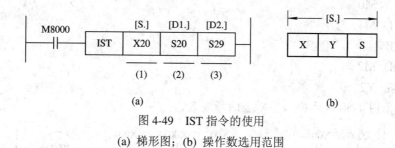

图 4-49　IST 指令的使用

(a) 梯形图；(b) 操作数选用范围

习　题

4-1　对于 PLC 的输入端及输出端，源型和漏型的主要区别是什么？

4-2　简述 FX_2 的基本单元、扩展单元和扩展模块的用途。

4-3　简述输入继电器、输出继电器、定时器及计数器的用途。

4-4 定时器和计数器各有哪些使用要素? 如果梯形图线圈前的触点是工作条件, 那么定时器和计数器工作条件有什么不同?

4-5 画出与下列语句表对应的梯形图。

LD X0
OR X1
ANI X2
OR M0
LD X3
AND X4
OR M3
ANB
ORI M1
OUT Y2

4-6 画出与下列语句表对应的梯形图。

LD X0
AND X1
LD X2
ANI X3
ORB
LD X4
AND X5
LD X6
AND X7
ORB
ANB
LD M0
AND M1
ORB
AND M2
OUT Y2

4-7 写出图4-50所示梯形图对应的指令表。

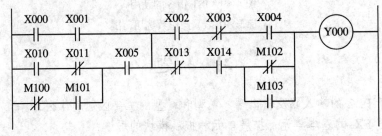

图 4-50 题 4-7 图

4-8 写出图 4-51 所示梯形图对应的指令表。

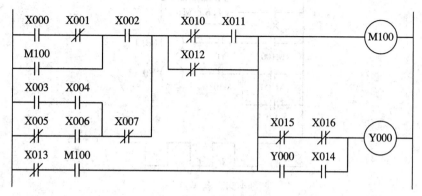

图 4-51 题 4-8 图

4-9 写出图 4-52 所示梯形图对应的指令表。

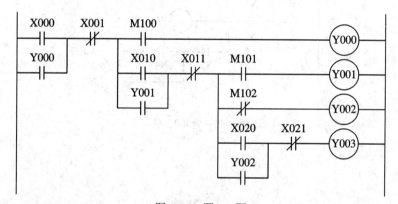

图 4-52 题 4-9 图

4-10 画出图 4-53 中 M206 的波形。

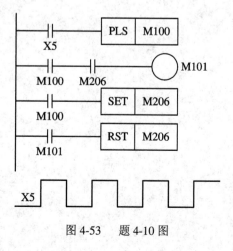

图 4-53 题 4-10 图

4-11 画出图 4-54 中 Y0 的波形。

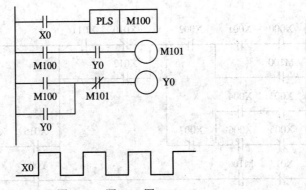

图 4-54 题 4-11 图

4-12 用主控指令画出图 4-55 的等效电路，并写出指令表程序。

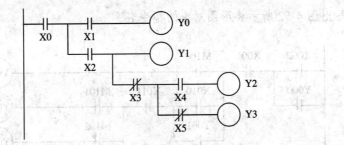

图 4-55 题 4-12 图

第5章 PLC 控制线路的设计及应用实例

5.1 编程方法与规则

5.1.1 梯形图编程

用梯形图编程时应注意以下规则。

规则 1 梯形图中的阶梯都是从左母线开始，终于右母线。线圈只能接在右母线上，不能直接接在左母线上，并且所有的触点不能放在线圈的右边，如图 5-1 所示。

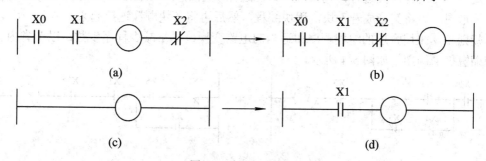

图 5-1　规则 1 的说明

(a) 错误；(b) 正确；(c) 错误；(d) 正确

规则 2 多个回路串联时，应将触点最多的回路放在梯形图的最上面。多个并联回路串联时，应将触点最多的并联回路安排在梯形图的最左面，如图 5-2 所示。

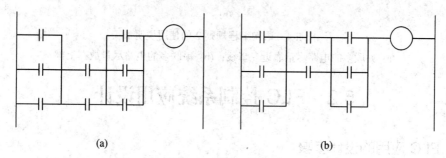

图 5-2　规则 2 的说明

(a) 错误；(b) 正确

规则 3 在梯形图中没有实际的电流流动。所谓"流动"，只能从左到右、从上到下单向"流动"。如图 5-3(a)所示的桥式电路是不可编程的，必须按逻辑功能等效转换成如图 5-3(b)所示的电路后才可编程。

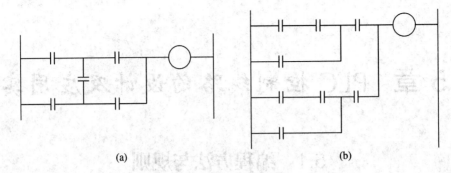

图 5-3 规则 3 的说明

(a) 不可编程的桥式电路；(b) 变换后的可编程电路

5.1.2 命令语句表达式编程

语句的编程一般是根据梯形图来进行的，应遵守以下规则。

规则 1 对梯形图进行语句编程时，应遵循从左到右、自上而下的原则进行。对于复杂的梯形图，可将其分成若干块，逐块编程，然后再将各块顺次连接起来。

规则 2 采用合理的编程顺序和适当的电路变换，尽量减少程序步数，以节省内存空间和缩短扫描周期，如图 5-4 所示。

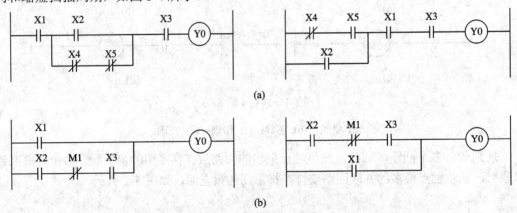

(a)

(b)

图 5-4 语句编程规则 2 的使用说明

(a) 并联多的电路尽量靠近左母线；(b) 串联多的电路尽量放在上部

5.2 PLC 控制系统应用设计

5.2.1 PLC 应用的设计步骤

PLC 应用的设计，一般应按下述几个步骤进行：

(1) 熟悉被控对象。首先要全面、详细地了解被控对象的机械结构和生产工艺过程，了解机械设备的运动内容、运动方式和步骤，归纳出工作循环图或者状态(功能)流程图。

(2) 明确控制任务与设计要求。要了解工艺过程和机械运动与电气执行元件之间的关系和对电控系统的控制要求，如机械运动部件的传动与驱动，液压、气动的控制，仪表、传感器等的连接与驱动等，归纳出电气执行元件的动作节拍表。电控系统的根本任务就是正确实现这个节拍表。

以上两个步骤所得到的图、表，综合而完整地反映了被控对象的全部功能和对电控系统的基本要求，是设计电控系统的依据，也是设计的目标和任务，必须仔细地分析和掌握。

(3) 制定电气控制方案。根据生产工艺和机械运动的控制要求，确定电控系统的工作方式，如全自动、半自动、手动、单机运行、多机联机运行等。还要确定电控系统应有的其它功能，如故障诊断与显示报警、紧急情况的处理、管理功能、联网通信功能等。

(4) 确定电控系统的输入/输出信号。通过研究工艺过程或机械运动的各个步骤、各种状态、各种功能的发生、维持、结束、转换和其它的相互关系，以确定各种控制信号，并检测反馈信号、相互的转换信号和联系信号。还要确定哪些信号需要输入 PLC，哪些信号要由 PLC 输出或者哪些负载要由 PLC 驱动，分类统计出各输入/输出量的性质及参数。

(5) PLC 的选型与硬件配置。根据以上各步骤所得到的结果，选择合适的 PLC 型号，并确定各种硬件配置。

(6) PLC 元件的编号分配。对各种输入/输出信号占用的 PLC 输入、输出端点及其它 PLC 元件进行编号分配，并设计出 PLC 的外部接线图。

(7) 程序设计。设计出梯形图程序或语句表程序。

(8) 模拟运行与调试程序。将设计好的程序传入 PLC 后，再逐条检查与验证，并改正程序设计时的语法、数据等错误，之后在实验室里进行模拟运行与调试程序，观察在各种可能的情况下各个输入量、输出量之间的变化关系是否符合设计要求。发现问题后及时修改设计和已传送到 PLC 中的程序，直到完全满足工作循环图或状态流程图的要求为止。

在进行程序设计和模拟运行调试的同时，可以平行地进行电控系统的其它部分，例如 PLC 外部电路和电气控制柜、控制台等的设计、装配、安装和接线等工作。

(9) 现场运行调试。完成以上各项工作后，即可将已初步调试好的程序传送到现场使用的 PLC 存储器中，PLC 接入实际输入信号与实际负载，进行现场运行调试，及时解决调试中发现的问题，完全满足设计要求后，方可交付使用。

5.2.2 PLC 的选型与硬件配置

PLC 的选用与继电器接触器控制系统的元件的选用不同，继电器接触器系统元件的选用必须要在设计结束之后才能确定各种元件的型号、规格、数量以及控制盘、控制柜的大小等，而 PLC 的选用在应用设计的开始即可根据工艺提供的资料及控制要求等预先进行。

PLC 的选用一般从以下几个方面来考虑：

(1) 根据所需要的功能进行选择。基本的原则是需要什么功能，就选择具有什么样功能的 PLC，同时也适当地兼顾维修、备件的通用性以及今后设备的改进和发展。

各种新型系列的 PLC，从小型到中、大型，已普遍可以进行 PLC 与 PLC、PLC 与上位计算机的通信与联网，具有进行数据处理、高级逻辑运算、模拟量控制等功能，因此，在功能的选择方面，要着重注意的是对特殊功能的需求。一方面是选择具有所需功能的 PLC 主机(即 CPU 模块)，另一方面，根据需要选择相应的模块(或扩展选用单元)，如开关量的输入与输出模块、模拟量的输入与输出模块、高速计数器模块、网络链接模块等。

(2) 根据 I/O 的点数或通道数进行选择。多数小型机为整体式，同一型号的整体式 PLC，除按点数分成许多挡以外，并配以不同点数的 I/O 扩展单元，来满足对 I/O 点数的不同需求。例如 FX2 型 PLC，主机分成 16 点、24 点、32 点、64 点、80 点和 128 点六挡，同时配以 I/O 点数为 8 点、16 点和 24 点的三种 I/O 扩展模块。模块式结构的 PLC，采取主机模块与输入、输出模块、各种功能模块分别选择组合使用的方式。I/O 模块按点数可分为 8 点、16 点、32 点、64 点等，因此可以根据需要的 I/O 点数选用 I/O 模块，与主机灵活地组合使用。

对于一个被控的对象，所用的 I/O 点数不会轻易发生变化，但是考虑到工艺和设备的改动，或 I/O 点的损坏、故障等，一般应保留 1/8 的裕量。

(3) 根据输入、输出信号进行选择。除了 I/O 点的数量，还要注意输入、输出信号的性质、参数和特性要求等。例如，要注意输入信号的电压类型、等级和变化频率；注意信号源是电压输出型还是电流输出型，是 NPN 输出型还是 PNP 输出型；等等。要注意输出端点的负载特点(如负载电压、电流的类型等)、数量等级以及对响应速度的要求等，据此来选择和配置适合输入、输出信号特点和要求的 I/O 模块。

(4) 根据程序存储器容量进行选择。通常 PLC 的程序存储器容量以字或步为单位，如 1 K 字、4 K 步等。这里，PLC 程序的单位步，是由一个字构成的，即每个程序步占一个存储器单元。

PLC 应用程序所需存储器容量可以预先进行估算。根据经验数据，对于开关量控制系统，程序所需存储器字数等于 I/O 信号总数乘以 8；而对于有数据处理、模拟量输入/输出的系统，所需要的存储器容量要大得多，例如 FA–2 型 PLC 一个模拟输出信号需要 14 个字的存储器容量，而外部显示或打印则需要 40 个字的存储器容量。大多数 PLC 的存储器采用模块式的存储器盒，同一型号的 PLC 可以选配不同容量的存储器盒，实现可选择的多种用户程序的存储容量，例如，三菱 FX2 PLC 可以有 2 K 步、8 K 步，和泉 FA–2 PLC 可以有 1 K 步、4 K 步等。

此外，还应根据用户程序的使用特点来选择存储器的类型。当程序需要频繁地修改时，应选用 CMOS–RAM 存储器。当程序需要长期使用并保持 5 年以上不变时，应选用 EEPROM 或 EPROM 存储器。

5.2.3 PLC 应用程序的设计方法

PLC 常用的程序设计方法有两种，一个是经验法，另一个是逻辑法，我们目前只需要掌握经验法即可。

1. 经验设计法

经验设计法指利用各种典型的控制环节和基本单元电路，依靠经验进行选择、组合，直接设计电气控制系统来满足生产机械和工艺过程的控制要求。

用这种方法对比较简单的电气控制系统进行设计，可以收到简便、快速的效果。但是，由于主要依赖经验进行设计，因而要求设计者要具有较丰富的经验，要能掌握、熟悉大量的控制系统的实例和各种典型环节。设计的结果不是唯一的，也不是很规范，而且往往需经多次反复修改和完善才能符合设计要求。

用经验设计法设计 PLC 应用的电控系统程序与其它方法一样，首先必须详细了解机械及工艺的控制要求，包括机械的工作循环图、电气执行元件的动作节拍等。

用经验设计法设计 PLC 应用程序可以大致按以下几个步骤进行：分析控制要求，选择控制原则；设置主令元件和检测元件；确定输入、输出信号；设计执行元件的控制程序；检查、修改和完善程序。

在设计执行元件的控制程序时，一般又可分为以下几个步骤：

(1) 按所给的要求，将生产机械的运动分成各自独立的简单运动，分别设计这些简单运动的基本控制程序。

(2) 按各运动之间应有的制约关系来设置联锁措施，选择联锁触点，设计联锁程序。这一条是电控系统能否成功，能否可靠、正确运行的关键，必须仔细进行。

(3) 按照维持运动(或状态)的进行和转换的需要，选择控制原则，设置主令元件、检测元件以及继电器等。

(4) 设置必要的保护措施。

2．逻辑设计法

逻辑设计法的基本含义是以逻辑组合的方法和形式设计电气控制系统。这种设计方法既有严密可循的规律性和明确可行的设计步骤，又具有简便、直观和十分规范的特点。

逻辑设计方法的理论基础是逻辑代数，而继电器控制系统的本质是逻辑线路。电器控制线路的接通或断开，都是通过继电器等元件的触点来实现的，故控制线路的种种功能必定取决于这些触点的开、合状态。因此电控线路从本质上说是一种逻辑线路，它符合逻辑运算的各种基本规律。PLC 是一种新型的工业控制计算机，在某种意义上我们可以说 PLC 是"与"、"或"、"非"三种逻辑线路的组合体。而 PLC 的梯形图程序的基本形式也是与、或、非的逻辑组合，它们的工作方式及其规律也完全符合逻辑运算的基本规律。因此，用变量及其函数只有"0"、"1"两种取值的逻辑代数作为研究 PLC 应用程序的工具就是顺理成章的事了。逻辑设计法思路清晰，所编写的程序易于优化，是一种较为实用可靠的程序设计方法。

5.2.4　PLC 控制系统的常见设计

1．三相异步电动机单向运转控制(启–保–停电路单元)

三相异步电动机单向运转控制电路在第 2 章中已经接触过，现以图 5-5 为例进行介绍。其中图(a)为 PLC 的输入/输出接线图，从图中可知，启动按钮接于 X0，停车按钮接于 X1，交流接触器接于 Y0，这就是端子分配，实质是为程序安排代表控制系统中事物的机内元件。图(b)为梯形图，它是机内元件的逻辑关系，进而也是控制系统内各事物间逻辑关系的体现。

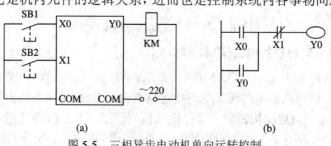

(a)　　　　　　　　(b)

图 5-5　三相异步电动机单向运转控制

梯形图(b)的工作过程分析如下。当按钮 SB1 被按下时 X0 接通，Y0 置 1，这时电动机连续运行。需要停车时，按下停车按钮 SB2，串联于 Y0 线圈回路中的 X1 的常闭触点断开，Y0 置 0，电动机失电停车。

梯形图(b)称为启-保-停电路。这个名称主要来源于图中的自保持触点 Y0。并联在 X0 常开触点上的 Y0 常开触点的作用是当按钮 SB1 松开、输入继电器 X0 断开时，线圈 Y0 仍然能保持接通状态。工程中把这个触点叫做"自保持触点"。启-保-停电路是梯形图中最典型的单元，它包含了梯形图程序的全部要素：

(1) 事件。每一个梯形图支路都针对一个事件。事件用输出线圈(或功能框)表示，本例中为 Y0。

(2) 事件发生的条件。梯形图支路中除了线圈外还有触点的组合，使线圈置 1 的条件即是事件发生的条件，本例中为启动按钮 X0 置 1。

(3) 事件得以延续的条件。触点组合中使线圈置 1 得以持久的条件，本例中为与 X0 并联的 Y0 的自保持触点。

(4) 使事件终止的条件。触点组合中使线圈置 1 中断的条件，本例中为 X1 的常闭触点断开。

2．三相异步电动机可逆运转控制(互锁环节)

在上例的基础上，如希望实现三相异步电动机可逆运转，需增加一个反转控制按钮和一只反转接触器。PLC 的端子分配及梯形图如图 5-6 所示，它的梯形图设计可以这样考虑，选两套启-保-停电路，一个用于正转(通过 Y0 驱动正转接触器 KM1)，一个用于反转(通过 Y1 驱动反转接触器 KM2)。考虑正转、反转两个接触器不能同时接通，在两个接触器的驱动回路中分别串入另一个接触器驱动器件的常闭触点(如 Y0 回路串入 Y1 的常闭触点)。这样当代表某个转向的驱动元件接通时，代表另一个转向的驱动元件就不可能同时接通了。这种两个线圈回路中互串对方常闭触点的电路结构形式叫做"互锁"。这个例子的提示是：在多输出的梯形图中，要考虑多输出间的相互制约(多输出时这种制约称为联锁)。

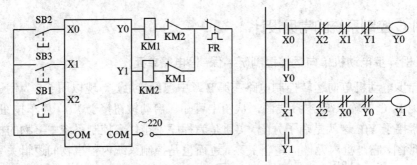

图 5-6　三相异步电动机可逆运转控制

3．两台电机分时启动的电路(基本延时环节)

两台交流异步电动机，一台启动 10 s 后第二台启动，共同运行一段时间后停止。欲实现这一功能，给两台电机供电的两只交流接触器要占用 PLC 的两个输出口。由于是两台电机联合启/停，仅选一只启动按钮和一只停止按钮就够了，但延时功能需一只定时器。梯形图的设计可以依以下顺序，先绘两台电机独立的启-保-停电路，第一台电机使用启动按钮启动，第二台电机使用定时器的常开触点启动，两台电机均使用同一停止按钮，然后再解决定时器的工作问题。由于第一台电机启动 10 s 后第二台电机启动，第一台电机运转是 10 s 的计时起点，因而将定时器的线圈并接在第一台电机的输出线圈上。本例的 PLC 端子分配情况及梯形图已绘于图 5-7 中。

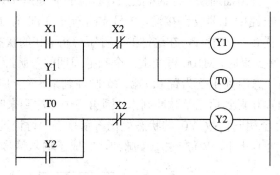

图 5-7　两台电机分时启动控制

4. 定时器的延时扩展环节

定时器的计时时间都有一个最大值，如 100 ms 的定时器最大计时时间为 3276.7s。那么，如果工程中所需的延时时间大于这个数值时该怎么办呢？一个最简单的方法是采用定时器接力方式，即先启动一个定时器计时，计时时间到，用第一只定时器的常开触点启动第二只定时器，再使用第二只定时器启动第三只定时器，以此类推，记住使用最后一只定时器的触点去控制最终的控制对象就可以了。图 5-8 所示的梯形图即是一个这样的例子。

上例利用多定时器的计时时间相加获得长延时。此外还可以利用计数器配合定时器获得长延时，如图 5-9 所示。图中常开触点 X1 是这个电路的工作条件，当 X1 保持接通时电路工作。在定时器 T1 的线圈回路中接有 T1 的常闭触点，它使得 T1 每隔 10 s 接通一次，接通时间为一个扫描周期。定时器 T1 的每一次接通都使计数器 C1 计一个数，当计到计数器的设定值时使其工作对象 Y0 接通，从 X1 接通为始点的延时时间为定时器的设定值×计数器设定值。X2 为计数器 C1 的复位条件。

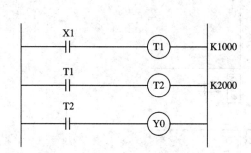

图 5-8　定时器接力获长延时

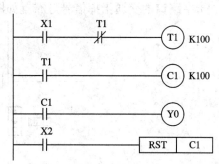

图 5-9　计数器配合定时器获长延时

5. 定时器构成的振荡电路

上例中定时器 T1 的工作实质是构成一种振荡电路，产生时间间隔为定时器的设定脉冲宽度(一个扫描周期)的方波脉冲。上例中这个脉冲序列用作了计数器 C1 的计数脉冲。在可编程序控制器工程问题中，这种脉冲还可以用于移位寄存器的移位脉冲及其它场合。

6. 分频电路

用 PLC 可以实现对输入信号的任意分频，图 5-10 所示是一个 2 分频电路。待分频的脉冲信号加在 X0 端，在第一个脉冲信号到来时，M100 产生一个扫描周期的单脉冲，使 M100 的常开触点闭合一个扫描周期。这时确定 Y0 状态的前提是 Y0 置 0，M100 置 1。图中 Y0 工作条件的两个支路中 1 号支路接通，2 号支路断开，Y0 置 1。第一个脉冲到来一个扫描周期后，M100 置 0，Y0 置 1，在这样的条件下分析 Y0 的状态，第二个支路使 Y0 保持置 1。当第二个脉冲到来时，M100 再产生一个扫描周期的单脉冲，这时 Y0 置 1，M100 也置 1，这使得 Y0 的状态由置 1 变为置 0。第二个脉冲到来一个扫描周期后，Y0 置 0 且 M100 也置 0，Y0 仍旧置 0 直到第三个脉冲到来。因第三个脉冲到来时 Y0 及 M100 的状态和第一个脉冲到来时完全相同，故 Y0 的状态变化将重复前面讨论过的过程。通过以上的分析可知，X0 每送入两个脉冲，Y0 产生一个脉冲，完成了输入信号的分频。

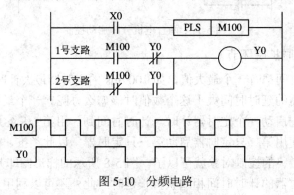

图 5-10　分频电路

5.3　应 用 举 例

5.3.1　PLC 在交通灯上的应用

十字路口的交通指挥信号灯布置如图 5-11 所示。

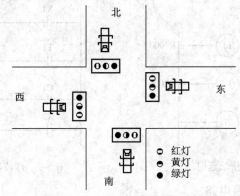

图 5-11　交通指挥信号灯示意图

1. 控制要求

信号灯受启动开关控制。当启动开关接通时，信号灯系统开始工作，先南北红灯亮，东西绿灯亮。当启动开关断开时，所有信号灯都熄灭。

(1) 南北绿灯和东西绿灯不能同时亮；如果同时亮则应关闭信号灯系统，并立刻报警。

(2) 南北红灯亮维持 25 s。在南北红灯亮的同时东西绿灯也亮，并维持 20 s。到 20 s 时，东西绿灯闪亮，闪亮 3 s 后熄灭。在东西绿灯熄灭时，东西黄灯亮，并维持 2 s。到 2 s 时，东西黄灯熄灭，东西红灯亮。同时，南北红灯熄灭，绿灯亮。

(3) 东西红灯亮维持 30 s，南北绿灯亮维持 25 s，然后闪亮 3 s 后熄灭，同时南北黄灯亮，维持 2 s 后熄灭。这时南北红灯亮，东西绿灯亮。

(4) 上述动作循环进行。

2．设计步骤

根据控制要求，画出交通灯的状态图，如图 5-12 所示。

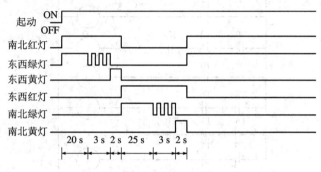

图 5-12　交通指挥信号灯状态图

根据控制任务要求，可以算出 I/O 点数。根据 I/O 点数及功能要求，选择 FX₂–48MR 型 PC 机。

1) I/O 分配表

该控制系统的 I/O 分配表如表 5-1 所示。

表 5-1　I/O 分配表

序号	输入设备		输入点	序号	输出设备		输出点
1	SA	启动开关	X0	1	YV1	南北绿灯	Y0
				2	YV2	南北黄灯	Y1
				3	YV3	南北红灯	Y2
				4	YV4	报警灯	Y3
				5	YV5	东西绿灯	Y4
				6	YV6	东西黄灯	Y5
				7	YV7	东西红灯	Y6

2) 梯形图

该控制系统的梯形图如图 5-13 所示。

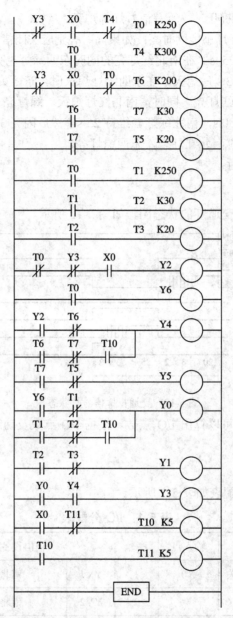

图 5-13 交通信号灯控制系统的梯形图

5.3.2 PLC 在机械手控制中的应用

在工业自动化生产中，无论是单机还是组合机床，以及自动化生产流水线，都要用到机械手来完成工件的取放。

1．动作要求

对机械手的控制主要是位置识别、运动方向控制和判别物料是否存在。以图 5-14 所示机械手为例，它的任务是将传送带 A 上的工件搬送到传送带 B 上。机械手的上升、下降、左移、右移、抓紧和放松都用双线圈三位电磁阀驱动缸完成。当某个电磁阀通电时，就保持相对应的动作，即使线圈再断电也仍然保持，直到相反方向的线圈通电，相对应的动作才结束。设备上装有上、下、左、右、抓紧、放松六个限位开关，控制对应工步的结束。传输带上设有一个光电开关，监视工件到位与否。

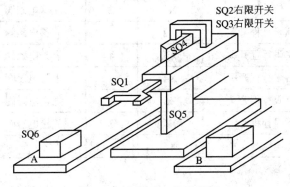

图 5-14　机械手工作示意图

2．设计步骤

机械手的工作时序如图 5-15 所示。

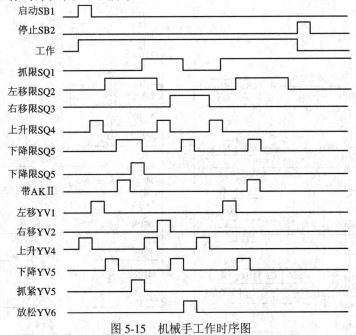

图 5-15　机械手工作时序图

时序图是工作流程图的另一种表示方法，它将工作全过程的信息都包括进去了。

从图 5-15 中可以看出，机械手的工步分为 9 步。某个输入信号到来时，就进入下一个相应的工步。

根据控制任务要求，可以算出 I/O 点数。根据 I/O 点数及功能要求，选择 FX_2–48MR 型 PC 机。

1）I/O 分配表

机械手控制的 I/O 分配表如表 5-2 所示。

表 5-2　I/O 分配表

序号	输入设备	输入点	序号	输出设备	输出点
1	启动按钮	X0	1	带 A 接触器	Y0
2	停止按钮	X1	2	左移电磁阀	Y1
3	抓紧行程开关	X2	3	右移电磁阀	Y2
4	左限行程开关	X3	4	上升电磁阀	Y3
5	右限行程开关	X4	5	下降电磁阀	Y4
6	上限行程开关	X5	6	抓紧电磁阀	Y5
7	下限行程开关	X6	7	放松电磁阀	Y6
8	光电检测开关	X7			

2) 梯形图

该控制系统的梯形图如图 5-16 所示。

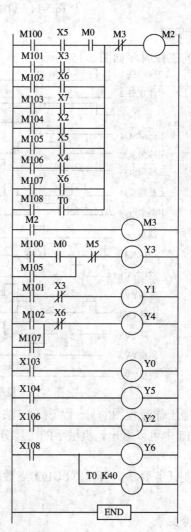

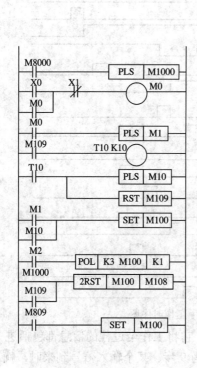

图 5-16　工业机械手控制系统的梯形图

5.3.3　PLC 在四工位组合机床控制中的应用

1．概述

某机床由四个工作滑台各载一个加工动力头，组成四个加工工位。图 5-17 所示为该机床十字轴铣端面打中心孔的俯视示意图。除了四个加工工位外，还有夹具，上、下料机械手和进料器四个辅助装置以及冷却和液压系统共 14 个部分。机床的四个加工动力头同时对一个零件的四个端面及中心孔进行加工。一次加工完成一个零件，由上料机械手自动上料，下料机械手自动取走加工完成的零件，每小时可加工 80 件。

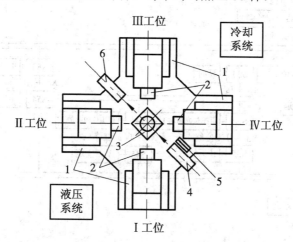

1—工作滑台；2—主轴；3—夹具；4——上料机械手；

5—进料装置 6—下料机械手

图 5-17　四工位十字轴加工组合机床示意图

2．机床控制流程

组合机床要求有全自动、半自动、手动三种工作方式。图 5-18 所示为组合机床控制系统全自动工作循环和半自动工作循环时的状态流程图。在图 5-18 中，S0 是初始状态，实现初始状态的条件是各滑台、各辅助装置都处在原位，夹具为松开状态，料道放料且润滑系统情况正常。

现在把组合机床全自动和半自动工作循环介绍一下。当按下启动按钮后，上料机械手向前，将零件送到夹具上，夹具夹紧零件，同时进料装置进料。之后上料机械手退回原位，进料装置放料。接下来是四个工作滑台向前，四个加工动力头同时加工，铣端面，打中心孔。加工完成后，各工作滑台退回原位。下料机械手向前抓住零件，夹具松开，下料机械手退回原位并取走加工完成的零件，一个工作循环结束。如果没有选择预停，则机床自动开始下一个工作循环，实现全自动加工工作方式。如果选择了预停，则每个工作循环完成后，机床自动停止在初始状态，当再次发出工作启动命令后，才开始下一个工作循环，这就是半自动工作方式。

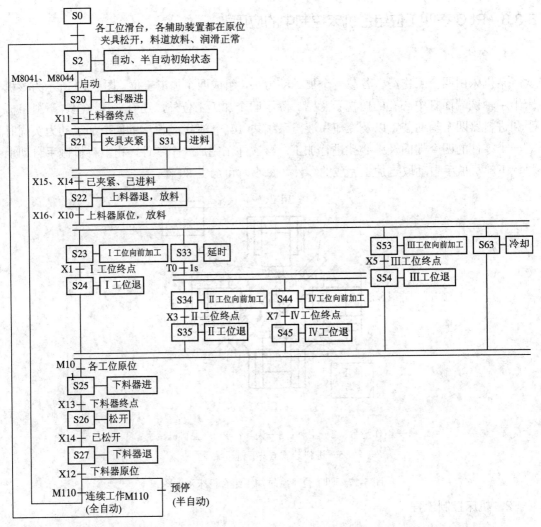

图 5-18　组合机床自动工作状态流程图

3．PLC 控制系统设计

(1) PLC 的选型。由 PLC 组成的四工位组合机床控制系统有输入信号 42 个，都是开关量，其中检测元件 17 个、按钮开关 24 个、选择开关 1 个。

电控系统有输出信号 27 个，其中包括 16 个电磁阀、6 台电动机的接触器和 5 个指示灯。

电控系统最后选用 FX_2-64MR 主机和一个 16 点的输入扩展模块(FX-16EX)，这样共有 48 个输入点(32＋16)，输出点就是主机的 32 点，可以满足 42 个输入、27 个输出的要求，而且还有一定余量。

(2) 输入/输出信号地址分配。把 42 个输入信号(位置检测传感器开关 17 个：1SQ～12SQ，1YJ～5YJ；选择开关 1 个：ISA；按钮开关共 24 个：1SB～24SB)和 27 个输出信号(电磁阀 16 个：1YV～16YV；接触器 6 个：1KM～6KM；指示灯 5 个：1HL～5HL)按类编排。

42 个输入信号和 27 个输出信号对应于 PLC 输入端 X0～X51 及输出端 Y0～Y33。输入/输出信号及其地址编号如表 5-3 所示。

表 5-3　输入/输出分配表

序号	输入设备		输入点	序号	输出设备		输出点
1	1SQ	滑台Ⅰ原位	X0	1	1YV	夹紧	Y0
2	2SQ	滑台Ⅰ终点	X1	2	2YV	松开	Y1
3	3SQ	滑台Ⅱ原位	X2	3	3YV	滑台Ⅰ进	Y2
4	4SQ	滑台Ⅱ终点	X3	4	4YV	滑台Ⅰ退	Y3
5	5SQ	滑台Ⅲ原位	X4	5	5YV	滑台Ⅲ进	Y4
6	6SQ	滑台Ⅲ终点	X5	6	6YV	滑台Ⅲ退	Y5
7	7SQ	滑台Ⅳ原位	X6	7	7YV	上料进	Y6
8	8SQ	滑台Ⅳ终点	X7	8	8YV	上料退	Y7
9	9SQ	上料器原位	X10	9	9YV	下料进	Y10
10	10SQ	上料器终点	X11	10	10YV	下料退	Y11
11	11SQ	下料器原位	X12	11	11YV	滑台Ⅱ进	Y12
12	12SQ	下料器终点	X13	12	12YV	滑台Ⅱ退	Y13
13	1JY	夹紧	X14	13	13YV	滑台Ⅳ进	Y14
14	2JY	进料	X15	14	14YV	滑台Ⅳ退	Y15
15	3JY	放料	X16	15	15YV	放料	Y16
16	4JY	润滑压力	X17	16	16YV	进料	Y17
17	5JY	润滑液面开关	X20	17	1KM	Ⅰ主轴	Y20
18	1SB	总停	X21	18	2KM	Ⅱ主轴	Y21
19	2SB	启动	X22	19	3KM	Ⅲ主轴	Y22
20	3SB	预停	X23	20	4KM	Ⅳ主轴	Y23
21	4SB	润滑故障撤除	X24	21	5KM	冷却电动机	Y24
22	1SA	选择开关	X25	22	6KM	润滑电动机	Y25
23	5SB	滑台Ⅰ进	X26	23	1HL	润滑显示	Y26
24	6SB	滑台Ⅰ退	X27	24	2HL	Ⅰ、Ⅲ工位滑台原位	Y27
25	7SB	主轴Ⅰ点动	X30	25	3HL	Ⅱ、Ⅳ工位滑台原位	Y30
26	8SB	滑台Ⅱ进	X31	26	4HL	上料器原位	Y31
27	9SB	滑台Ⅱ退	X32	27	5HL	下料器原位	Y32
28	10SB	主轴Ⅱ点动	X33				
29	11SB	滑台Ⅲ进	X34				
30	12SB	滑台Ⅲ退	X35				
31	13SB	主轴Ⅲ点动	X36				
32	14SB	滑台Ⅳ进	X37				
33	15SB	滑台Ⅳ退	X40				
34	16SB	主轴Ⅳ点动	X41				
35	17SB	夹紧	X42				
36	18SB	松开	X43				
37	19SB	上料器进	X44				
38	20SB	上料器退	X45				
39	21SB	进料	X46				
40	22SB	放料	X47				
41	23SB	冷却开	X50				
42	24SB	冷却停	X51				

(3) 控制系统程序设计。组合机床完整的梯形图程序分为初始化程序、手动调整控制程序和自动工作程序三部分。图 5-19 所示是组合机床的初始化梯形图程序。

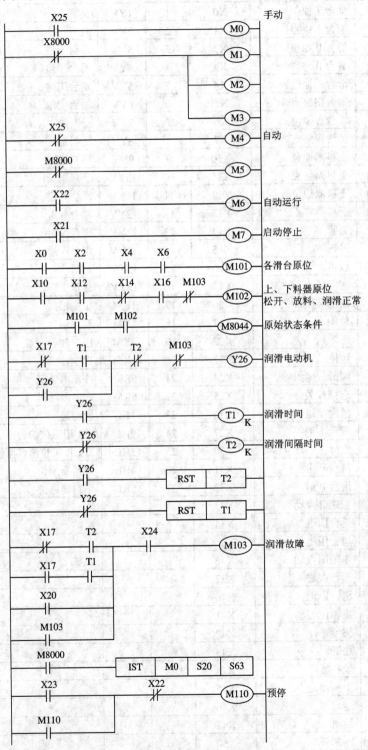

图 5-19　组合机床的初始化梯形图程序

自动控制程序采用步进指令编写，程序简洁、清楚。图 5-20 所示是组合机床在全自动与半自动工作方式时的梯形图程序。

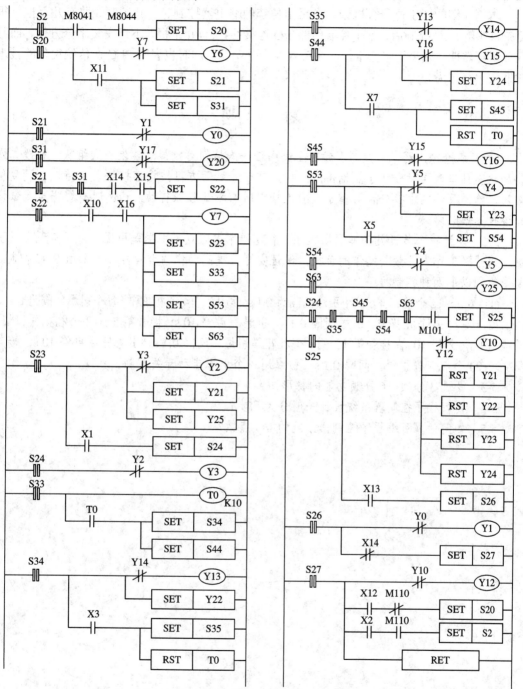

图 5-20　组合机床自动工作梯形图程序

4．总结

机床控制是 PLC 的主要应用领域之一。传统上，机床的控制大多使用继电器逻辑控制系统，这种控制系统功能比较单一，在用于具有复杂逻辑关系的机床控制时，电路复杂、元器件多、可靠性差。用 PLC 对机床控制进行技术改造是 PLC 的主要应用领域之一。

本例介绍的四工位组合机床，在采用传统的继电器控制时，其控制线路有几百根，很复杂；改用 PLC 控制后，整个控制线路(I/O 连接线)只有几十根，不但安装十分方便，而且保证了可靠性，减少了维修量，其经济效益十分明显，同时也表明 PLC 在传统设备的技术改造中大有作为。

习　题

5-1　某抢答比赛，儿童二人参赛且其中任一人按钮可抢得；学生一人组队；教授二人参加比赛且二人同时按钮才能抢得。主持人宣布开始后方可按抢答按钮。主持人台设复位按钮，抢得及违例由各分台灯指示。有人抢得时有幸运彩球转动，违例时有警报声。试设计该抢答器电路。

5-2　设计一个节日礼花弹引爆程序。礼花弹用电阻点火引爆器引爆。为了实现自动引爆，以减轻工作人员频繁操作的负担，保证安全，提高动作的准确性，今采用 PLC 控制，要求编制以下两种控制程序：

(1)　第 1~12 个礼花弹，每个引爆间隔为 0.1 s；第 13~14 个礼花弹，每个引爆间隔为 0.2 s。

(2)　第 1~6 个礼花弹，引爆间隔 0.1 s，引爆完后停 10 s；接着第 7~12 个礼花弹引爆，间隔 0.1 s，又停 10 s；接着第 13~18 个礼花弹引爆，间隔 0.1 s，引爆完后再停 10 s；接着第 19~24 个礼花弹引爆，间隔 0.1 s。引爆用一个引爆启动开关控制。

5-3　设计 3 分频、6 分频功能的梯形图。

5-4　可编程序控制器系统设计一般分为几步？

5-5　如何估算可编程序控制器系统的 I/O 点数？

实践篇

课题 1 低压电器拆装与调整

任务 1 组合开关拆卸与装配

1. 任务目的
熟悉常用组合开关的外形和基本结构，并能进行正确的拆卸与装配。

2. 任务内容
HZ10–25/3 型组合开关的改装、维修及校验：将组合开关原分、合状态为三常开(或三常闭)的三对触头改装为二常开一常闭(或二常闭一常开)，如课题 1-1 图(a)、(b)所示，并整修触头，再按课题 1-1 图(c)所示进行通电校验。

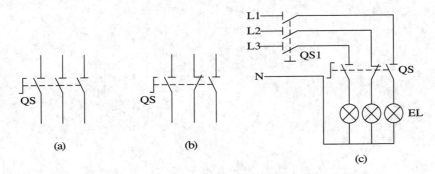

课题 1-1 图　组合开关改装和校验

(a) 改装前；(b) 改装后；(c) 校验电路(灯箱 220 V、25 W、Y 接法)

3. 设备、工具和用品
(1) 工具：尖嘴钳、螺钉旋具、活络扳手、镊子等。

(2) 仪表：M47 型万用表。

(3) 组合开关：1 只 HZ10–25。

4. 操作工艺要点
(1) 卸下手柄紧固螺钉，取下手柄。

(2) 卸下支架上紧固螺母，取下顶盖、转轴弹簧和凸轮等操作机构。

(3) 抽出绝缘杆，取下绝缘垫板上盖。

(4) 拆卸三对动、静触头。

(5) 检查触头有无烧毛、损坏，视损坏程度进行修理或更换。

(6) 检查转轴弹簧是否松脱和消弧垫是否有严重磨损，根据实际情况确定是否调换。

(7) 将任一相的动触头旋转 90°，然后按拆卸的逆序进行装配。

(8) 装配时，应注意动、静触头的相互位置是否符合改装要求及叠片连接是否紧密。

(9) 装配结束后，先用万用表测量各对触头的通断情况，如果符合要求，则按课题 1-1 图(c)所示连接线路进行通电校验。

(10) 通电校验必须在 1 min 时间内，连续进行 5 次分合试验，5 次试验全部成功为合格，否则须重新拆装。

注意事项：

(1) 拆卸时，应备有盛放零件的容器，以防丢失零件。

(2) 拆卸过程中，不允许硬撬，以防损坏电器。

(3) 通电校验时，必须将组合开关紧固在校验板(台)上，并有教师监护，以确保用电安全。

5. 任务单

任务名称	组合开关拆卸、装配和维护	学时		班级	
学生姓名		学生学号		任务成绩	
设备、工具和材料	参 3	实训场地		日期	
任务内容	HZ10-10/3 型组合开关拆卸、装配和维护				
任务目的					
(一) 资讯					
资讯问题： 资讯引导：《机床电器与可编程序控制器》　作者：姚永刚主编　　出版社：机械工业出版社					
(二) 决策与计划					
(三) 实施					
（四）检查（评价）					

6. 评分标准

序号	工作过程	主要内容	评分标准	配分	自评		教师	
					扣分	得分	扣分	得分
1	资讯 (10分)	任务相关 知识查找	1. 查找相关知识进行学习，对任务知识的掌握度达不到60%扣5分	10				
			2. 查找相关知识进行学习，对任务知识的掌握度达不到80%扣2分					
			3. 查找相关知识进行学习，对任务知识的掌握度达不到90%扣1分					
2	决策 计划 (10分)	确定方案 编写计划	1. 制定整体设计方案，在实施过程中修改一次扣2分	10				
			2. 制定实施方法，在实施过程中修改一次扣2分					
3	实施 (10分)	记录实施 过程步骤	1. 实施过程中，步骤记录不完整度达到10%扣2分	10				
			2. 实施过程中，步骤记录不完整度达到20%扣3分					
			3. 实施过程中，步骤记录不完整度达到40%扣5分					
4	检查 评价 (60分)	元件测试	1. 不会用仪表检测元件质量好坏扣2分	7				
			2. 仪表使用方法不正确扣5分					
		元件拆卸、 装配	1. 拆卸步骤及方法不正确扣3分	23				
			2. 拆装不熟练扣2分					
			3. 丢失零部件，每件扣2分					
			4. 损坏零部件，每件扣2分					
			5. 装配步骤不正确，每处扣2分					
			6. 装配后手柄转动不灵活扣2分					
		调试	1. 不能进行通电校验扣5分	15				
			2. 检验的方法不正确扣5分					
			3. 检验结果不正确扣5分					
		调试效果	1. 使用时达不到元件绝对完好扣7分	15				
			2. 灵活度较低扣8分					
5	职业规范 团队合作 (10分)	安全文明 生产	违反安全文明操作规程扣3分	3				
		组织协调 与合作	团队合作较差，小组不能配合完成任务扣3分	3				
		交流与表 达能力	不能用专业语言正确流利简述任务成果扣4分	4				
合计				100				

学生自评总结			
教师评语			
学生签字	年　月　日	教师签字	年　月　日

任务2　交流接触器的拆装

1．任务目的

熟悉交流接触器的外形和基本结构，掌握交流接触器的拆卸与装配工艺。

2．任务内容

CJ0-20型交流接触器的拆卸、装配。

3．设备、工具和材料

(1) 工具：螺钉旋具、电工刀、尖嘴钳、钢丝钳等。

(2) 仪表：MF47型万用表、5050型兆欧表。

(3) 器材：1只交流接触器CJ0-20。

4．操作工艺要点

1) 交流接触器的拆卸

(1) 卸下灭弧罩紧固螺钉，取下灭弧罩。

(2) 拉紧主触头定位弹簧夹，取下主触头及主触头压力弹簧片。拆卸主触头时必须将主触头侧转45°后取下。

(3) 松开辅助常开静触头的线桩螺钉，取下常开静触头。

(4) 松开接触器底部的盖板螺钉，取下盖板。在松盖板螺钉时，要用手按住螺钉并慢慢放松。

(5) 取下静铁芯缓冲绝缘纸片及静铁芯。

(6) 取下静铁芯支架及缓冲弹簧。

(7) 拔出线圈接线端的弹簧夹片，取下线圈。

(8) 取下反作用弹簧。

(9) 取下衔铁和支架。

(10) 从支架上取下动铁芯定位销。

(11) 取下动铁芯及缓冲绝缘纸片。

2) 交流接触器的检查

(1) 检查灭弧罩有无破裂或烧损，清除灭弧罩内的金属飞溅物和颗粒。

(2) 检查触头的磨损程度，磨损严重时应更换触头。若不需更换，则清除触头表面上烧毛的颗粒。

(3) 清除铁芯端面的油垢，检查铁芯有无变形及端面接触是否平整。

(4) 检查触头压力弹簧及反作用弹簧是否变形或弹力不足，如有需要则更换弹簧。

触头压力的测量与调整：将一张厚约 0.1 mm、比触头稍宽的纸条夹在触头间，使触头处于闭合状态，用手拉纸条。若触头压力合适，稍用力纸条便可拉出，若纸条很容易被拉出，则说明触头压力不够；若纸条被拉断，则说明触头压力过大，可调整或更换触头弹簧，直到符合要求。

(5) 检查电磁线圈是否有短路、断路及发热变色现象。

(6) 用万用表欧姆挡检查线圈及各触头是否良好；用兆欧表测量各触头间及主触头对地电阻是否符合要求；用手按动主触头检查运动部分是否灵活，以防产生接触不良、振动和噪声。

3) 交流接触器的装配

装配时按拆卸的逆顺序进行。

注意事项：

(1) 拆卸过程中，应备有盛放零件的容器，以免丢失零件。

(2) 拆装过程中不允许硬撬，以免损坏电器。装配辅助静触头时，要防止卡住动触头。

(3) 通电校验时，接触器应固定在控制板上，并有教师监护，以确保用电安全；通电校验过程中，要均匀、缓慢地改变调压变压器的输出电压，以使测量结果尽量准确。

5. 任务单

任务名称	交流接触器拆卸、装配和维护		学时		班级	
学生姓名			学生学号		任务成绩	
设备、工具和材料			实训场地		日期	
任务内容	CJ20 系列交流接触器拆卸、装配和维护					
任务目的						
(一) 资讯						
资讯问题：						
资讯引导：《电工基本操作技能训练》　作者：杜德昌主编　出版社：高等教育出版社						
(二) 决策与计划						
(三) 实施						
(四) 检查 (评价)						

6. 评分标准

序号	工作过程	主要内容	评分标准	配分	自评 扣分	自评 得分	教师 扣分	教师 得分
1	资讯 (10分)	任务相关知识查找	1. 查找相关知识进行学习,对任务知识的掌握度达不到60%扣5分	10				
			2. 查找相关知识进行学习,对任务知识的掌握度达不到80%扣2分					
			3. 查找相关知识进行学习,对任务知识的掌握度达不到90%扣1分					
2	决策计划 (10分)	确定方案编写计划	1. 制定整体设计方案,在实施过程中修改一次扣2分	10				
			2. 制定实施方法,在实施过程中修改一次扣2分					
3	实施 (10分)	记录实施过程步骤	1. 实施过程中,步骤记录不完整度达到10%扣2分	10				
			2. 实施过程中,步骤记录不完整度达到20%扣3分					
			3. 实施过程中,步骤记录不完整度达到40%扣5分					
4	检查评价 (60分)	元件测试	1. 不会用仪表检测元件质量好坏,扣2分	7				
			2. 仪表使用方法不正确扣5分					
		元件拆卸、装配	1. 拆卸步骤及方法不正确扣3分	23				
			2. 拆装不熟练扣2分					
			3. 丢失零部件,每件扣2分					
			4. 损坏零部件扣2分					
			5. 装配步骤不正确,每处扣2分					
			6. 装配后动铁芯吸、断不灵活扣2分					
		通电调试	1. 不能进行通电校验扣5分	15				
			2. 检验的方法不正确扣5分					
			3. 通电时有较大振动和噪声扣5分					
		触头压力调整	1. 不能凭经验判断触头压力大小扣5分	15				
			2.触头压力的调整方法不正确扣15分					
5	职业规范团队合作 (10分)	安全文明生产	违反安全文明操作规程扣3分	3				
		组织协调与合作	团队合作较差,小组不能配合完成任务扣3分	3				
		交流与表达能力	不能用专业语言正确流利简述任务成果扣4分	4				
合计				100				

学生自评总结	
教师评语	

学生签字	年　月　日	教师签字	年　月　日

任务3　热继电器调整

1．任务目的

(1) 熟悉热继电器的结构与工作原理。

(2) 掌握热继电器的使用和校验调整方法。

2．任务内容

(1) 观察热继电器的结构。将热继电器的后绝缘盖板卸下，仔细观察热继电器的结构，指出动作结构、电流整定装置、复位按钮及触头系统的位置，并能叙述它们的作用。

(2) 校验调整。

3．设备、工具和材料

(1) 工具：螺钉旋具、电工刀、尖嘴钳、钢丝钳等。

(2) 仪表：MF47 型万用表、5050 型兆欧表。

(3) 器材：1 只热继电器 JR16。

4．操作工艺要点

1) 校验调整

(1) 按任务要求连接校验电路，如课题 1-2 图所示。

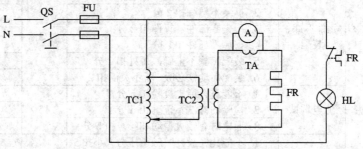

课题 1-2 图　热继电器校验电路

(2) 将调压器的输出调到零位置，热继电器置于手动复位状态，并将整定值旋钮置于额定值处。

(3) 合上电源开关 QS，指示灯 HL 亮。

(4) 将调压器输出电压升高，使热元件通过的电流升至额定值。1 h 内热继电器应不动作，若 1 h 内热继电器动作，则应将调节旋钮向额定值大的方向旋动。

(5) 将电流升至 1.2 倍额定电流，热继电器应在 20 min 内动作，否则，应将调节旋钮向额定值小的方向旋动。

(6) 将电流降至零，待热继电器冷却并手动复位后，再调升电流至 1.5 倍额定值。热继电器冷却后应在 2 min 内动作。

(7) 将电流降至零，快速调升电流至 6 倍额定值，分断 QS 再随即合上，其动作时间应大于 5 s。

2) 复位方式的调整

热继电器出厂时，一般都调在手动复位，如果需要自动复位，可将复位调节螺钉顺时针旋进。自动复位时，应在动作 5 min 内自动复位。手动复位时，在动作 2 min 后，按下手动复位按钮，热继电器应复位。

注意事项：

(1) 检验时环境温度应尽量接近工作温度，连接导线长度一般不小于 0.6 m，连接导线截面积应与使用的实际情况相同。

(2) 校验时电流变化较大，为使测量结果准确，校验时应注意选择电流互感器的合适量程。

(3) 通电校验时，必须将热继电器、电源开关固定在校验板上，以确保用电安全。

5. 任务单

任务名称	热继电器调整	学时		班级	
学生姓名		学生学号		任务成绩	
设备、工具和材料		实训场地		日期	
任务内容	JR16-20/3D 热继电器调整				
任务目的					
(一) 资讯					
资讯问题： 资讯引导：《电工基本操作技能训练》　作者：杜德昌主编　出版社：高等教育出版社					
(二) 决策与计划					
(三) 实施					
(四) 检查（评价）					

6．评分标准

序号	工作过程	主要内容	评分标准	配分	自评 扣分	自评 得分	教师 扣分	教师 得分
1	资讯 (10分)	任务相关知识查找	1．查找相关知识进行学习，对任务知识的掌握度达不到60%扣5分	10				
			2．查找相关知识进行学习，对任务知识的掌握度达不到80%扣2分					
			3．查找相关知识进行学习，对任务知识的掌握度达不到90%扣1分					
2	决策计划 (10分)	确定方案编写计划	1．制定整体设计方案，在实施过程中修改一次扣2分	10				
			2．制定实施方法，在实施过程中修改一次扣2分					
3	实施 (10分)	记录实施过程步骤	1．实施过程中，步骤记录不完整度达到10%扣2分	10				
			2．实施过程中，步骤记录不完整度达到20%扣3分					
			3．实施过程中，步骤记录不完整度达到40%扣5分					
4	检查评价 (60分)	热继电器的结构	1．不能指出热继电器各部件的位置，每个扣5分	20				
			2．不能说出各部件的作用，每个扣5分					
		热继电器元件的校验	1．不能正确选用电器元件扣8分	40				
			2．不能按图纸正确接线扣8分					
			3．接线有松动，每处扣8分					
			4．不能自动复位扣8分					
			5．不能手动复位，每处扣8分					
5	职业规范团队合作 (10分)	安全文明生产	违反安全文明操作规程扣3分	3				
		组织协调与合作	团队合作较差，小组不能配合完成任务扣3分	3				
		交流与表达能力	不能用专业语言正确流利简述任务成果扣4分	4				
合计				100				

学生自评总结	
教师评语	

学生签字		教师签字	
	年　月　日		年　月　日

任务 4　时间继电器的改装、校验和检修

1. 任务目的

(1) 熟悉 JS7-2A 系列时间继电器的结构，学会对其触头进行整修。

(2) 将 JS7-2A 型时间继电器改装成 JS7-4A 型，并进行通电校验。

2. 任务内容

JS7-2A 型时间继电器改装成 JS7-4A 型，并进行通电校验和检修。

3. 设备、工具和材料

(1) 工具：螺钉旋具、电工刀、尖嘴钳、测电笔、剥线钳、电烙铁等。

(2) 仪表：仪表 M47 型万用表、5050 型兆欧表。

(3) 器材：见下表。

序号	名　称	型　号　规　格	单　位	数　量
1	时间继电器	JS7-2A、线圈电压 380 V	只	1
2	组合开关	HZ10-25/3、三极、25 A	只	1
3	熔断器	RL1-15/2、15 A、配熔体 2 A	只	1
4	按钮	LA4-3H、保护式、按钮数 3	只	1
5	指示灯	220 V、15 W	只	3
6	配电板	500 mm × 400 mm × 20 mm	块	1
7	导线	BVR-1.0 mm^2	米	9

4. 操作工艺要点

1) 整修 JS7-2A 型时间继电器的触头

(1) 按下延时或瞬时微动开关的紧固螺钉，取下微动开关。

(2) 均匀用力慢慢撬开并取下微动开关盖板。

(3) 小心取下动触头及附件，要防止用力过猛而弹失小弹簧和薄垫片。

(4) 进行触头整修。整修时，不允许用砂纸或其它研磨材料，而应使用锋利的刀刃或细锉修平，然后用净布擦净，不得用手指直接接触触头或用油类润滑，以免污染触头。整修后的触头应做到接触良好。若无法修复应调换新触头。

(5) 按拆卸的逆顺序进行装配。

(6) 手动检查微动开关的分合是否瞬间动作，触头接触是否良好。

2) 将 JS7-2A 型改装成 JS7-4A 型

(1) 松开线圈支架紧固螺钉，取下线圈和铁芯总成部件。

(2) 将总成部件沿水平方向旋转 180° 后，重新旋上紧固螺钉。

(3) 观察延时和瞬时触头的动作情况，将其调整在最佳位置上。调整延时触头时，可旋松线圈和铁芯总成部件的安装螺钉，向上或向下移动后再旋紧。调整瞬时触头时，可松开安装瞬时微动开关底板上的螺钉，将微动开关向上或向下移动后再旋紧。

(4) 旋紧各安装螺钉，进行手动检查，若达不到要求，则应重新调整。

3) 通电校验

(1) 将整修和装配好的时间继电器按课题 1-3 图所示连入线路，进行通电校验。

(2) 通电校验要做到一次通电校验合格。通电校验合格的标准为：在 1 min 内通电频率不少于 10 次，各触点工作良好，吸合时无噪声，铁芯释放无延缓，并且每次动作的延时时间一致。

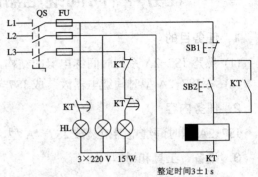

课题 1-3 图　时间继电器校验电路

注意事项：

(1) 拆卸时，应备有盛放零件的容器，以免丢失零件。

(2) 整修和改装过程中，不允许硬撬，以防止损坏电器。

(3) 在进行校验接线时，要注意各接线端子上线头间的距离，防止产生相间短路故障。

(4) 通电校验时，必须将时间继电器紧固在控制板上并可靠接地，且有指导教师监护，以确保用电安全。

(5) 改装后的时间继电器，在使用时要将原来的安装位置水平旋转 180°，使衔铁释放时的运动方向始终保持垂直向下。

5. 任务单

任务名称	时间继电器的改装、校验和检修	学时		班级	
学生姓名		学生学号		任务成绩	
设备、工具和材料		实训场地		日期	
任务内容	将 JS7-2A 型时间继电器改装成 JS7-4A 型，并进行通电校验和检修				
任务目的					
(一) 资讯					
资讯问题： 资讯引导：《电工基本操作技能训练》　作者：杜德昌主编　　出版社：高等教育出版社					
(二) 决策与计划					
(三) 实施					
(四) 检查(评价)					

6．评分标准

序号	工作过程	主要内容	评分标准	配分	自评		教师	
					扣分	得分	扣分	得分
1	资讯 (10分)	任务相关 知识查找	1. 查找相关知识进行学习，对任务知识掌握度达不到60%扣5分	10				
			2. 查找相关知识进行学习，对任务知识掌握度达不到80%扣2分					
			3. 查找相关知识进行学习，对任务知识的掌握度达不到90%扣1分					
2	决策 计划 (10分)	确定方案 编写计划	1. 制定整体设计方案，在实施过程中修改一次扣2分	10				
			2. 制定实施方法，在实施过程中修改一次扣2分					
3	实施 (10分)	记录实施 过程步骤	1. 实施过程中，步骤记录不完整度达到10%扣2分	10				
			2. 实施过程中，步骤记录不完整度达到20%扣3分					
			3. 实施过程中，步骤记录不完整度达到40%扣5分					
4	检查 评价 (60分)	时间继电器 的结构	1. 不能指出热继电器各部件的位置，每个扣5分	7				
			2. 不能说出各部件的作用，每个扣5分					
		时间继电器 的改装	1. 拆卸步骤及方法不正确扣3分	23				
			2. 拆装不熟练扣2分					
			3. 丢失零部件，每件扣2分					
			4. 损坏零部件扣2分					
			5. 装配步骤不正确，每处扣2分					
			6. 装配后动作不灵活扣2分					
		时间继电器 校验接线	1. 不能按图纸正确接线扣5分	15				
			2. 接线触点松动，每处扣5分					
			3. 接线触点毛刺太多扣5分					
		通电调试	1. 不能进行通电校验扣5分	15				
			2. 检验的方法不正确扣5分					
			3. 通电时定时误差较大扣5分					
5	职业规范 团队合作 (10分)	安全文明 生产	违反安全文明操作规程扣3分	3				
		组织协调 与合作	团队合作较差，小组不能配合完成任务扣3分	3				
		交流与表达 能力	不能用专业语言正确流利简述任务成果扣4分	4				
合计				100				

学生自评总结	
教师评语	

学生签字		教师签字	
	年　月　日		年　月　日

技 能 训 练

技能训练1　电器元件识别

将所给的电器元件的铭牌用胶布盖住编号，根据电器元件实物写出其名称与型号，填入下表。

序　号	1	2	3	4	5	6
名　称						
型　号						

技能训练2　低压断路器的结构

将一台塑壳式低压断路器(DZ5-20型)外壳拆开，观察其结构，并将主要部件的作用和有关参数填入下表。

主要部件名称	作　用	参　数
电磁脱扣器		
热脱扣器		
触头		
按钮		
储能弹簧		

技能训练3　低压熔断器的识别与检修

1. 熔断器识别

任选几种熔断器，用胶布盖住其型号并编号，根据实物写出其名称、型号规格及主要部分，填入下表。

序　号	1	2	3	4	5	6
名　称						
型号规格						
结　构						

2．更换熔体

(1) 检查所给熔断器的熔体是否完好，对 RC1A 型，可拔下瓷盖进行检查；对 RC1 型，应首先查看熔断指示器。

(2) 若熔体熔断，则按规格选配熔体。

(3) 更换熔体，对 RC1A 系列熔断器，安装熔丝时缠绕方向要正确，安装过程中不得损坏熔丝；对 RC1 系列熔断器，熔断管不能倒装。

(4) 用万用表检查更换熔体后的熔断器各部分接触是否良好。

技能训练4　主令电器的识别与检修

1．主令电器的识别

任选几种主令电器，用胶布盖住型号并编号，根据实物写出其名称、型号及结构形式，填入下表。

序　号	1	2	3	4	5	6
名　称						
型　号						
结构形式						

2．主令控制器的基本结构与测量

(1) 用兆欧表测量各触头部分对地电阻，其值应在 0.5 MΩ 以上。

(2) 用万用表测量手柄置于不同位置时各触头的通断情况。根据测量结果作出主令控制器的分合表。

(3) 打开主令控制器外壳，观察其结构和动作过程，写出各主要零部件的名称并叙述主令控制器的动作原理，填入下表。

主要零部件名称	动 作 原 理

课题 2　机床基本控制线路安装与调试

任务 1　接触器联锁正、反转控制线路的安装与调试

1. 任务目的

掌握接触器联锁正、反转控制线路的安装与调试(硬线配线)方法。

2. 任务内容

三相笼型异步电动机接触器联锁正、反转控制线路安装与调试。线路如课题 2-1 图所示。

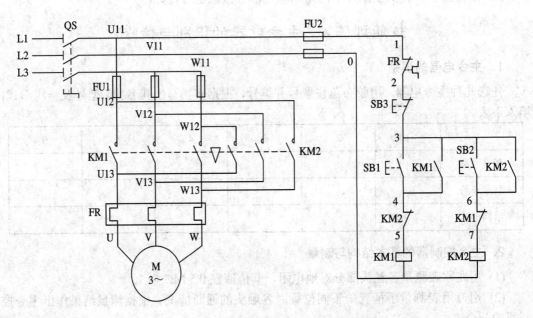

课题 2-1 图　接触器联锁正、反转控制线路

3. 设备、工具和材料

(1) 工具：测电笔、螺钉旋具、尖嘴钳、斜口钳、剥线钳、电工刀等。

(2) 仪表：MF47 型万用表、5050 型兆欧表、T301-A 型钳形电流表。

(3) 器材：控制板一块(500 mm × 400 mm × 20 mm)；导线规格：动力电路采用 BV 2.5 mm² 塑铜线(黑色)，控制电路采用 BV 1 mm² 塑铜线(红色)，按钮控制电路采用 BVR 1 mm² 塑铜线(红色)，接地线采用 BVR 塑铜线(黄绿双色，截面至少 1.5 mm²)；紧固体及编码套管等的数量按需要而定。

元件明细表

序号	名称	型号	规格	数量
1	三相异步电动机	Y112M-4	4 kW、380 V、△接法	1
2	组合开关	HZ10-25/3	三极、25 A	1
3	熔断器	RL1-60/25	500 V、60 A、配熔体 25 A	3
4	熔断器	RL1-15/2	500 V、15 A、配熔体 2 A	2
5	交流接触器	CJ10-20	20 A、线圈电压 380 V	2
6	热继电器	JR16-20/3	三极、20 A、整定电流 8.8 A	1
7	按钮	LA10-3H	保护式、380 V、5 A、按钮数 3	1
8	端子板		380 V、10 A、15 节	1

4．板前明线布线的工艺

(1) 布线通道尽可能少，同路并行导线按主、控电路分类集中，单层密排，紧贴安装面布线。

(2) 同一平面的导线应高低一致或前后一致，不能交叉。非交叉不可时，该根导线应在接线端子引出时就水平架空跨越，但必须走线合理。

(3) 布线应横平竖直，分布均匀。变换走向时应垂直。

(4) 布线时严禁损伤线芯和导线绝缘。

(5) 布线顺序一般以接触器为中心，由里向外，由低至高，先控制电路，后主电路进行，以不妨碍后续布线为原则。

(6) 在每根剥去绝缘层导线的两端套上编码套管。所有从一个接线端子(或接线桩)到另一个接线端子(或接线桩)的导线必须连续，中间无接头。

(7) 导线与接线端子或接线桩连接时，不得压绝缘层、不反圈及不露铜过长。

(8) 同一元件、同一回路的不同接点的导线间距离应保持一致。

(9) 一个电器元件接线端子上的连接导线不得多于两根，每节接线端子板上的连接导线一般只允许连接一根。

5．操作工艺要点

(1) 配齐所用电器元件，并进行质量检验。电器元件应完好无损，各项技术指标应符合规定要求，否则应予以更换。

(2) 在控制板上安装所有的电器元件，并贴上醒目的文字符号。安装时，组合开关、熔断器的受电端子应安装在控制板的外侧；元件排列要整齐、匀称、间距合理，且便于元件的更换；紧固电器元件时用力要均匀，紧固程度适当，做到既使元件安装牢固，又不使其损坏。

(3) 按接线图进行板前明线布线和套编码套管。做到布线横平竖直、整齐、分布均匀、紧贴安装面、走线合理；套编码套管要正确；严禁损伤线芯和导线绝缘；接点牢靠，不得松动，不得压绝缘层，不反圈及不露铜过长等。

(4) 根据电路图检查控制板布线的正确性。

(5) 安装电动机。

(6) 可靠连接电动机和按钮金属外壳的保护接地线。

(7) 连接电源、电动机等控制板外部的导线。

(8) 自检，交验合格后，通电试车。通电时，必须经指导教师同意后，由指导教师接通电源，并在现场进行监护。出现故障后，学生应独立进行检修。需带电检查时，也必须有教师在现场监护。

(9) 通电试车完毕，停转，切断电源。先拆除三相电源线，再拆除电动机负载线。

注意事项：

(1) 螺旋式熔断器的接线要正确，以确保用电安全。

(2) 接触器联锁触头接线必须正确，否则将会造成主电路中两相电源短路故障。

(3) 通电试车时，应先合上转换开关 QS，按下 SB1(或 SB2)，接触器 KM1(或 KM2)吸合。当接触器 KM1(或 KM2)吸合时，再按下启动按钮 SB2(或 SB1)，观察有无联锁作用，最后按下停止按钮 SB3，接触器 KM1(或 KM2)断电释放。

(4) 训练应在规定的时间内完成，同时要做到安全操作和文明生产。

6. 任务单

任务名称	接触器联锁正、反转控制线路的安装与调试	学时		班级	
学生姓名		学生学号		任务成绩	
设备、工具和材料		实训场地		日期	
任务内容	接触器联锁正、反转控制线路的安装与调试(硬线配线)				
任务目的					
(一) 资讯					
资讯问题：					
资讯引导：《机床电器与可编程序控制器》　　作者：姚永刚编著　　出版社：机械工业出版社					
(二) 决策与计划					
(三) 实施					
(四) 检查(评价)					

7．评分标准

序号	工作过程	主要内容	评分标准	配分	自评 扣分	自评 得分	教师 扣分	教师 得分
1	资讯 (10分)	任务相关 知识查找	1．查找相关知识进行学习，对任务知识的掌握度达不到60%扣5分	10				
			2．查找相关知识进行学习，对任务知识的掌握度达不到80%扣2分					
			3．查找相关知识进行学习，对任务知识的掌握度达不到90%扣1分					
2	决策计划 (10分)	确定方案 编写计划	1．制定整体设计方案，在实施过程中修改一次扣2分	10				
			2．制定实施方法，在实施过程中修改一次扣2分					
3	实施 (10分)	记录实施 过程步骤	1．实施过程中，步骤记录不完整度达到10%扣2分	10				
			2．实施过程中，步骤记录不完整度达到20%扣3分					
			3．实施过程中，步骤记录不完整度达到40%扣5分					
4	检查评价 (60分)	电器元件 检查	1．不会用仪表检测元件质量好坏扣2分	5				
			2．仪表使用方法不正确扣3分					
		电器元件 安装	1．电器元件检布置不整齐、不均匀、不合理，每只扣2分	10				
			2．电器元件安装不牢固，安装元件时漏装螺钉，每处扣1分					
			3．损坏元件，每只扣2分					
		布线	1．电动机运行正常，但未按电路图接线，扣3分	25				
			2．布线整体不美观，主电路、控制电路每处扣2分					
			3．接点松动、接头露铜过长、反圈、压绝缘层，标记线号不清楚、遗漏或误标，每处扣1分					
			4．布线不横平竖直，主、控制电路每根扣0.5分					
			5．导线乱敷设扣10分					
			6．电源、电动机配线和按钮接线没接在端子排上，每根扣0.5分					
			7．损伤导线绝缘或线芯，每根扣2分					
			8．遗漏保护线装配扣2分					

序号	工作过程	主要内容	评分标准	配分	自评		教师	
					扣分	得分	扣分	得分
4	检查评价 (60分)	调试	1. 主、控制电路配错熔体，每个扣1分	20				
			2. 热继电器整定值错误扣1分					
			3. 一次试车不成功扣5分，两次试车不成功扣10分，三次试车不成功扣15分					
			4. 试车超时扣5分					
5	职业规范 团队合作 (10分)	安全文明生产	违反安全文明操作规程扣3分	3				
		组织协调与合作	团队合作较差，小组不能配合完成任务扣3分	3				
		交流与表达能力	不能用专业语言正确流利简述任务成果扣4分	4				
合计				100				

学生自评	
教师评语	
学生签字	年　月　日
教师签字	年　月　日

任务2　星形–三角形降压启动控制线路

1. 任务目的

掌握安装和调试断电延时带直流能耗制动的 Y–△ 启动的控制电路(软线配线)的方法。

2. 任务内容

三相笼型异步电动机断电延时带直流能耗制动的 Y–△ 启动的控制线路的安装与调试。线路如课题 2-2 图所示。

3. 设备、工具和材料

(1) 工具：测电笔、螺钉旋具、尖嘴钳、斜口钳、剥线钳、电工刀等。

(2) 仪表：MF47 型万用表、5050 型兆欧表、T301-A 型钳形电流表。

(3) 器材：控制板一块(500 mm×400 mm×20 mm)；导线规格：动力电路采用 BVR 2.5 mm² 塑铜线(黑色)，控制电路采用 BVR 1 mm² 塑铜线(红色)，按钮控制电路采用 BVR

$1\,mm^2$ 塑铜线(红色)，接地线采用 BVR 塑铜线(黄绿双色，截面至少 $1.5\,mm^2$)；紧固体及编码套管等的数量视需要而定。

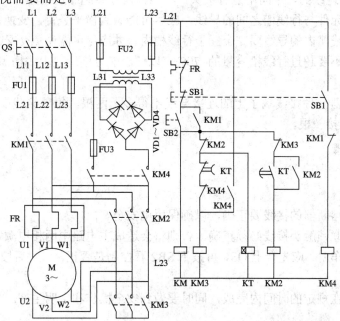

课题 2-2 图　断电延时带直流能耗制动的 Y-△ 启动的控制线路

元 件 明 细 表

序号	名　称	型　号	规　格	数量
1	三相异步电动机	Y112M-4	4 kW、380 V、△接法	1
2	组合开关	HZ10-25/3	三极、25 A	1
3	熔断器	RL1-60/25	500 V、60 A、配熔体 25 A	3
4	熔断器	RL1-15/2	500 V、15 A、配熔体 2 A	2
5	交流接触器	CJ10-20	20 A、线圈电压 380 V	4
6	时间继电器	JS7-4A	2 A、线圈电压 380 V	1
7	热继电器	JR16-20/3	三极、20 A、整定电流 8.8 A	1
8	整流二极管	2CZ30	15 A、600 V	4
9	控制变压器	BK-500	380/36 V、500 W	1
10	电阻器	ZX2-2/0.7	7 Ω、每片 0.7 Ω、22.3 A	1
11	按钮	LA10-3H	保护式、380 V、5 A、按钮数 3	1
12	端子板	JX2-1015	380 V、10 A、15 节	1

4. 板前线槽布线的工艺

(1) 按电路图的要求，确定走线方向，进行布线。可先布主回路线，也可先布控制回路线。

(2) 截取长度合适的导线，选择适当钳口的剥线钳进行剥线。

(3) 接线不能松动，露出铜线不能过长，不能压绝缘层，从一个接线桩到另一个接线桩的导线必须是连续的，中间不能有接头，不得损伤导线绝缘及线芯。

(4) 各电器元件与行线槽之间的导线，应尽可能做到横平竖直，变换走向要垂直。

(5) 进入行线槽内的导线要完全置于行线槽内，并应尽可能避免交叉。

(6) 装线时不要超过行线槽容量的 70%，以便于能方便地盖上线槽盖，也便于以后的装配和维修。

(7) 一个电器元件接线端子上的连接导线不得多于两根，每节接线端子板上的连接导线一般只允许连接一根。

5. 训练步骤

参见任务一。

注意事项：

(1) 螺旋式熔断器的接线要正确，以确保用电安全。

(2) 接触器联锁触头接线必须正确，否则将会造成主电路中两相电源短路故障。

(3) 通电试车时，应先合上 QS，再按下 SB2 看控制是否正常，然后按下 SB1 观察有无制动。

(4) 训练应在规定的时间内完成，同时要做到安全操作和文明生产。

6. 任务单

任务名称	直流能耗制动的 Y-△启动的控制线路的安装与调试	学时		班级	
学生姓名		学生学号		任务成绩	
设备、工具和材料		实训场地		日期	
任务内容	三相笼型异步电动机断电延时带直流能耗制动的 Y-△启动的控制线路的安装与调试 (软线配线)				
任务目的					
(一) 资讯					
资讯问题： 资讯引导：《机床电器与可编程序控制器》　作者：姚永刚编著　　出版社：机械工业出版社					
(二) 决策与计划					
(三) 实施					

(四) 检查(评价)			

7. 评分标准

序号	工作过程	主要内容	评分标准	配分	自评		教师	
					扣分	得分	扣分	得分
1	资讯 (10分)	任务相关 知识查找	1. 查找相关知识进行学习,对任务知识的掌握度达不到60%扣5分	10				
			2. 查找相关知识进行学习,对任务知识的掌握度达不到80%扣2分					
			3. 查找相关知识进行学习,对任务知识的掌握度达不到90%扣1分					
2	决策计划 (10分)	确定方案 编写计划	1. 制定整体设计方案,在实施过程中修改一次扣2分	10				
			2. 制定实施方法,在实施过程中修改一次扣2分					
3	实施 (10分)	记录实施 过程步骤	1. 实施过程中,步骤记录不完整度达到10%扣2分	10				
			2. 实施过程中,步骤记录不完整度达到20%扣3分					
			3. 实施过程中,步骤记录不完整度达到40%扣5分					
4	检查评价 (60分)	电器元件 检查	1. 不会用仪表检测元件质量好坏扣2分	5				
			2. 仪表使用方法不正确扣3分					
		电器元件 安装	1. 电器元件检布置不整齐、不均匀、不合理,每只扣2分	10				
			2. 电器元件安装不牢固,安装元件时漏装螺钉,每处扣1分					
			3. 损坏元件,每只扣2分					
		布线	1. 电动机运行正常,但未按电路图接线,扣3分	25				
			2. 布线整体不美观,主电路、控制电路每处扣2分					

序号	工作过程	主要内容	评分标准	配分	自评		教师	
					扣分	得分	扣分	得分
4	检查评价 (60分)	布线	3. 接点松动、接头露铜过长、反圈、压绝缘层，标记线号不清楚、遗漏或误标，引出端无别径压端子，每处扣 0.5 分					
			4. 布线不入行线槽，主、控制电路每根扣 0.5 分					
			5. 导线乱敷设扣 10 分					
			6. 电源、电动机配线和按钮接线没有接在端子排上，每根扣 0.5 分					
			7. 损伤导线绝缘或线芯，每根扣 2 分					
			8. 遗漏保护线装配扣 2 分					
		调试	1.时间继电器及热继电器整定值错误各扣 1 分	20				
			2. 主、控制电路配错熔体，每个扣 1 分					
			3. 一次试车不成功扣 5 分，两次试车不成功扣 10 分，三次试车不成功扣 15 分					
			4. 试车超时扣 5 分					
5	职业规范团队合作 (10分)	安全文明生产	违反安全文明操作规程扣 3 分	3				
		组织协调与合作	团队合作较差，小组不能配合完成任务扣 3 分	3				
		交流与表达能力	不能用专业语言正确流利简述任务成果扣 4 分	4				
合计				100				

学生自评	
教师评语	
学生签字	教师签字
年　月　日	年　月　日

任务3 多速电动机启动控制线路

1．任务目的

掌握安装和调试双速交流异步电动机自动变速控制电路(软线配线)的方法。

2．任务内容

双速交流异步电动机自动变速控制线路的安装与调试。线路如课题 2-3 图所示。

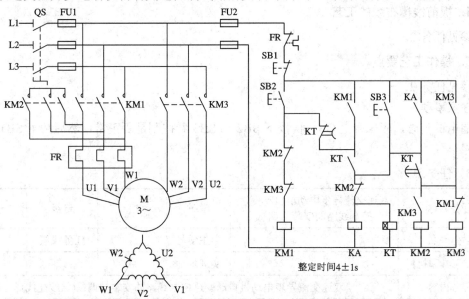

课题 2-3 图　双速交流异步电动机自动变速控制线路

3．设备、工具和用品

(1) 工具：测电笔、螺钉旋具、尖嘴钳、斜口钳、剥线钳、电工刀等。

(2) 仪表：MF47 型万用表、5050 型兆欧表、T301-A 型钳形电流表。

(3) 器材：控制板一块(600 mm × 500 mm × 20 mm)；导线规格：动力电路采用 BVR 2.5 mm² 塑铜线(黑色)，控制电路采用 BVR 1 mm² 塑铜线(红色)，按钮控制电路采用 BVR 1 mm² 塑铜线(红色)，接地线采用 BVR(黄绿双色)塑铜线(截面至少 1.5 mm²)；紧固体及编码套管等的数量按需要而定。

元件明细表

序号	名　称	型　号	规　格	数量
1	双速电动机	YD123-M4/2	6.5/8 kW、△/2Y	1
2	组合开关	HZ10-25/3	三极、25 A	1
3	熔断器	RL1-60/25	500 V、60 A、配熔体 25 A	3
4	熔断器	RL1-15/2	500 V、15 A、配熔体 2 A	2
5	交流接触器	CJ10-20	20 A、线圈电压 380 V	4
6	时间继电器	JS7-4A	2 A、线圈电压 380 V	1

序号	名　称	型　号	规　　格	数量
7	中间继电器	JZ7-44	线圈电压 380 V	
8	热继电器	JR16-20/3	三极、20 A、整定电流 8.8 A	1
9	整流二极管	2CZ30	15 A、600 V	4
10	按钮	LA10-3H	保护式、380 V、5 A、按钮数 3	1
11	端子板	JX2-1015	380 V、10 A、15 节	1

4. 板前线槽布线的工艺

参见任务 2。

5. 操作工艺要点

参见任务 2。

注意事项：

通电试车时，应先合上 QS，再按下 SB2 和 SB3 看控制是否正常，然后按下 SB1 观察有无停车。

6. 任务单

任务名称	双速交流异步电动机自动变速控制线路的安装与调试	学时		班级	
学生姓名		学生学号		任务成绩	
设备、工具和材料		实训场地		日期	
任务内容	双速交流异步电动机自动变速控制线路的安装与调试(软线配线)				
任务目的					

(一) 资讯

资讯问题：

资讯引导：《机床电器与可编序程控制器》　作者：姚永刚编著　　　　出版社：机械工业出版社

(二) 决策与计划

(三) 实施

(四) 检查(评价)

7. 评分标准

序号	工作过程	主要内容	评分标准	配分	自评 扣分	自评 得分	教师 扣分	教师 得分
1	资讯 (10分)	任务相关知识查找	1. 查找相关知识进行学习，对任务知识的掌握度达不到60%扣5分 2. 查找相关知识进行学习，对任务知识掌握度达不到80%扣2分 3. 查找相关知识进行学习，对任务知识的掌握度达不到90%扣1分	10				
2	决策计划 (10分)	确定方案编写计划	1. 制定整体设计方案，在实施过程中修改一次扣2分 2. 制定实施方法，在实施过程中修改一次扣2分	10				
3	实施 (10分)	记录实施过程步骤	1. 实施过程中，步骤记录不完整度达到10%扣2分 2. 实施过程中，步骤记录不完整度达到20%扣3分 3. 实施过程中，步骤记录不完整度达到40%扣5分	10				
4	检查评价 (60分)	电器元件检查	1. 不会用仪表检测元件质量好坏扣2分 2. 仪表使用方法不正确扣3分	5				
		电器元件安装	1. 电器元件检布置不整齐、不均匀、不合理，每只扣2分 2. 电器元件安装不牢固、安装元件时漏装螺钉，每处扣1分 3. 损坏元件，每只扣2分	10				
		布线	1. 电动机运行正常，但未按电路图接线扣3分 2. 布线整体不美观，主电路、控制电路每处扣2分 3. 接点松动、接头露铜过长、反圈、压绝缘层，标记线号不清楚、遗漏或误标，引出端无别径压端子，每处扣0.5分 4. 布线不入行线槽，主、控制电路每根扣0.5分	25				

序号	工作过程	主要内容	评分标准	配分	自评		教师	
					扣分	得分	扣分	得分
4	检查评价 (60分)	布线	5. 导线乱敷设扣 10 分	20				
			6. 电源、电动机配线和按钮接线没接在端子排上，每根扣 0.5 分					
			7. 损伤导线绝缘或线芯，每根扣 2 分					
			8. 遗漏保护线装配扣 2 分					
		调试	1.时间继电器及热继电器整定值错误各扣 1 分					
			2. 主、控制电路配错熔体，每个扣 1 分					
			3. 一次试车不成功扣 5 分，两次试车不成功扣 10 分，三次试车不成功扣 15 分					
			4. 试车超时扣 5 分					
5	团队规范 团队合作 (10分)	安全文明生产	违反安全文明操作规程扣 3 分	3				
		组织协调与合作	团队合作较差，小组不能配合完成任务扣 3 分	3				
		交流与表达能力	不能用专业语言正确流利简述任务成果扣 4 分	4				
合计				100				

学生自评	
教师评语	
学生签字	教师签字
	年　月　日	年　月　日

技 能 训 练

技能训练 1 自动循环控制线路

1. 控制电路图

参见图 2-9。

2. 工作原理

参见 2.2.5 节的内容。

3. 设备、工具和用品

(1) 工具：测电笔、螺钉旋具、尖嘴钳、斜口钳、剥线钳、电工刀等。

(2) 仪表：MF47 型万用表、5050 型兆欧表、T301-A 型钳形电流表。

(3) 器材：控制板一块(600 mm × 500 mm × 20 mm)；导线规格：动力电路采用 BVR 2.5 mm² 塑铜线(黑色)，控制电路采用 BVR 1 mm² 塑铜线(红色)，按钮控制电路采用 BVR 1 mm² 塑铜线(红色)，接地线采用 BVR 塑铜线(黄绿双色，截面至少 1.5 mm²)；紧固体及编码套管等的数量视需要而定。

元 件 明 细 表

序号	名 称	型 号	规 格	数量
1	电动机	Y112-4	4 kW、△接法	1
2	组合开关	HZ10-25/3	三极、25 A	1
3	熔断器	RL1-60/25	500 V、60 A、配熔体 25 A	3
4	熔断器	RL1-15/2	500 V、15 A、配熔体 2 A	2
5	交流接触器	CJ10-20	20 A、线圈电压 380 V	2
6	位置开关	JLXK1-111	单轮旋转式	1
7	按钮	LA10-3H	保护式、380 V、5 A、按钮数 3	1
8	端子板	JX2-1015	380 V、10 A、15 节	1

4. 注意事项

位置开关应牢固地安装在合适的位置上，安装后，必须用手动工作台或受控机械进行试验，合格后才能使用。若无条件，进行实际安装试验时，可将位置开关安装在控制板的下方两侧，手动模拟实验。

5. 任务单

任务名称	自动循环控制线路	学时		班级	
学生姓名		学生学号		任务成绩	
设备、工具和材料		实训场地		日期	
任务内容	自动循环控制线路的安装与调试(软线配线)				
任务目的					

(一) 资讯

资讯问题:

资讯引导:《机床电器与可编程序控制器》　　作者:姚永刚编著　　　　出版社:机械工业出版社

(二) 决策与计划

(三) 实施

(四) 检查(评价)

6. 评分标准

序号	工作过程	主要内容	评分标准	配分	自评		教师	
					扣分	得分	扣分	得分
1	资讯 (10分)	任务相关知识查找	1. 查找相关知识进行学习,对任务知识的掌握度达不到60%扣5分	10				
			2. 查找相关知识进行学习,对任务知识的掌握度达不到80%扣2分					
			3. 查找相关知识进行学习,对任务知识的掌握度达不到90%扣1分					
2	决策计划 (10分)	确定方案编写计划	1. 制定整体设计方案,在实施过程中修改一次扣2分	10				
			2. 制定实施方法,在实施过程中修改一次扣2分					

序号	工作过程	主要内容	评分标准	配分	自评		教师	
					扣分	得分	扣分	得分
3	实施 (10分)	记录实施过程步骤	1. 实施过程中,步骤记录不完整度达到10%扣2分	10				
			2. 实施过程中,步骤记录不完整度达到20%扣3分					
			3. 实施过程中,步骤记录不完整度达到40%扣5分					
4	检查评价 (60分)	电器元件检查	1. 不会用仪表检测元件质量好坏扣2分	5				
			2. 仪表使用方法不正确扣3分					
		电器元件安装	1. 电器元件检布置不整齐、不均匀、不合理,每只扣2分	10				
			2. 电器元件安装不牢固、安装元件时漏装螺钉,每处扣1分					
			3. 损坏元件,每只扣2分					
		布线	1. 电动机运行正常,但未按电路图接线扣3分	25				
			2. 布线整体不美观,主电路、控制电路每处扣2分					
			3. 接点松动、接头露铜过长、反圈、压绝缘层,标记线号不清楚、遗漏或误标,引出端无别径压端子,每处扣0.5分					
			4. 布线不入行线槽,主、控制电路每根扣0.5分					
			5. 导线乱敷设扣10分					
			6. 电源、电动机配线和按钮接线没接在端子排上,每根扣0.5分					
			7. 损伤导线绝缘或线芯,每根扣2分					
			8. 遗漏保护线装配扣2分					
		调试	1. 热继电器整定值错误各扣1分	20				
			2. 主、控制电路配错熔体,每个扣1分					
			3. 一次试车不成功扣5分,两次试车不成功扣10分,三次试车不成功扣15分					
			4. 试车超时扣5分					

序号	工作过程	主要内容	评分标准	配分	自评		教师	
					扣分	得分	扣分	得分
5	职业规范团队合作（10分）	安全文明生产	违反安全文明操作规程扣3分	3				
		组织协调与合作	团队合作较差，小组不能配合完成任务扣3分	3				
		交流与表达能力	不能用专业语言正确流利简述任务成果扣4分	4				
合计				100				
学生自评								
教师评语								
学生签字			年　月　日	教师签字			年　月　日	

技能训练2　双重联锁正、反转启动能耗制动的控制电路

1. 控制电路图

双重联锁正、反转启动能耗制动的控制电路如课题 2-4 图所示。

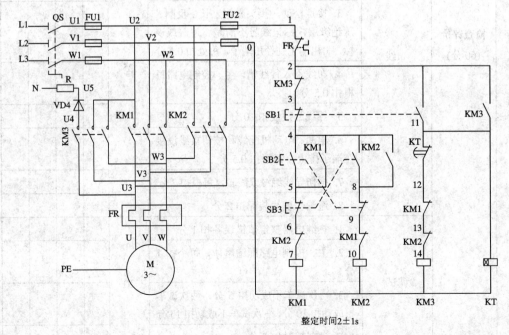

整定时间2±1s

课题 2-4 图　双重联锁正、反转启动能耗制动的控制电路

2. 工作原理

启动时合上电源开关 QS，按下启动按钮 SB2，接触器 KM1 线圈获电吸合，KM1 主触头闭合，电动机 M 启动。当按下反转按钮 SB3 时，接在正转控制线路中的 SB3 动断触头先断开，正转接触器 KM1 线圈断电，KM1 主触头断开，电动机 M 断电；接着按钮 SB3 的动合触头闭合，使反转接触器 KM2 线圈获电，KM2 主触头闭合，电动机 M 反转启动。这既保证了正、反转接触器 KM1 和 KM2 断电，又可不按停止按钮 SB1 而直接按反转按钮 SB3 进行反转启动。由反转运行转换成正转运行的情况，也只需直接按正转按钮 SB2 即可。

停止制动时，按下停止按钮 SB1，接触器 KM1 线圈断电释放，KM1 主触头断开，电动机 M 断电惯性运转，同时接触器 KM3 和时间继电器 KT 线圈获电吸合，KM3 主触头闭合，电动机 M 进行半波能耗制动；能耗制动结束后，KT 动断触头延时断开，KM3 线圈断电释放，KM3 主触头断开半波整流脉动直流电源。

3. 设备、工具和用品

(1) 工具：测电笔、螺钉旋具、尖嘴钳、斜口钳、剥线钳、电工刀等。

(2) 仪表：MF47 型万用表、5050 型兆欧表、T301-A 型钳形电流表。

(3) 器材：控制板一块(600 mm × 500 mm × 20 mm)；导线规格：动力电路采用 BVR 2.5 mm^2 塑铜线(黑色)，控制电路采用 BVR 1 mm^2 塑铜线(红色)，按钮控制电路采用 BVR 1 mm^2 塑铜线(红色)，接地线采用 BVR 塑铜线(黄绿双色，截面至少 1.5 mm^2)；紧固体及编码套管等的数量视需要而定。

元 件 明 细 表

序号	名　称	型　号	规　格	数量
1	三相异步电动机	Y112M-4	4 kW、380 V、△接法	1
2	组合开关	HZ10-25/3	三极、25 A	1
3	熔断器	RL1-60/25	500 V、60 A、配熔体 25 A	3
4	熔断器	RL1-15/2	500 V、15 A、配熔体 2 A	2
5	交流接触器	CJ10-20	20 A、线圈电压 380 V	4
6	时间继电器	JS7-4A	2 A、线圈电压 380 V	1
7	热继电器	JR16-20/3	三极、20 A、整定电流 8.8 A	1
8	整流二极管	2CZ30	15 A、600 V	4
9	电阻器	ZX2-2/0.7	7 Ω、每片 0.7 Ω、22.3 A	1
10	按钮	LA10-3H	保护式、380 V、5 A、按钮数 3	1
11	端子板	JX2-1015	380 V、10 A、15 节	1

4．任务单

任务名称	双重联锁正、反转启动能耗制动控制电路的安装与调试	学时		班级	
学生姓名		学生学号		任务成绩	
设备、工具和材料		实训场地		日期	
任务内容	双重联锁正、反转启动能耗制动控制线路的安装与调试				
任务目的					
(一) 资讯					
资讯问题： 资讯引导：《机床电器与可编程序控制器》　　作者：姚永刚编著　　　　出版社：机械工业出版社					
(二) 决策与计划					
(三) 实施					
(四) 检查（评价）					

5．评分标准

序号	工作过程	主要内容	评分标准	配分	自评		教师	
					扣分	得分	扣分	得分
1	资讯 (10 分)	任务相关知识查找	1. 查找相关知识进行学习，对任务知识的掌握度达不到60%扣5分	10				
			2. 查找相关知识进行学习，对任务知识的掌握度达不到80%扣2分					
			3. 查找相关知识进行学习，对任务知识的掌握度达不到90%扣1分					

序号	工作过程	主要内容	评分标准	配分	自评		教师	
					扣分	得分	扣分	得分
2	决策计划 (10分)	确定方案 编写计划	1. 制定整体设计方案，在实施过程中修改一次扣2分	10				
			2. 制定实施方法，在实施过程中修改一次扣2分					
3	实施 (10分)	记录实施 过程步骤	1. 实施过程中，步骤记录不完整度达到10%扣2分	10				
			2. 实施过程中，步骤记录不完整度达到20%扣3分					
			3. 实施过程中，步骤记录不完整度达到40%扣5分					
4	检查评价 (60分)	电器元件 检查	1. 不会用仪表检测元件质量好坏扣2分	5				
			2. 仪表使用方法不正确扣3分					
		电器元件 安装	1. 电器元件检布置不整齐、不均匀、不合理，每只扣2分	10				
			2. 电器元件安装不牢固，安装元件时漏装螺钉，每处扣1分					
			3. 损坏元件，每只扣2分					
		布线	1. 电动机运行正常，但未按电路图接线扣3分	25				
			2. 布线整体不美观，主电路、控制电路每处扣2分					
			3. 接点松动、接头露铜过长、反圈、压绝缘层、标记线号不清楚、遗漏或误标、引出端无别径压端子，每处扣0.5分					
			4. 布线不入行线槽，主、控制电路每根扣0.5分					
			5. 导线乱敷设扣10分					
			6. 电源、电动机配线和按钮接线没接在端子排上，每根扣0.5分					
			7. 损伤导线绝缘或线芯，每根扣2分					
			8. 遗漏保护线装配扣2分					
		调试	1. 时间继电器及热继电器整定值错误各扣1分	20				
			2. 主、控制电路配错熔体，每个扣1分					

序号	工作过程	主要内容	评分标准	配分	自评		教师	
					扣分	得分	扣分	得分
4	检查评价 (60分)		3. 一次试车不成功扣 5 分，两次试车不成功扣 10 分，三次试车不成功扣 15 分					
			4. 试车超时扣 5 分					
5	职业规范 团队合作 (10分)	安全文明生产	违反安全文明操作规程扣 3 分	3				
		组织协调与合作	团队合作较差，小组不能配合完成任务扣 3 分	3				
		交流与表达能力	不能用专业语言正确流利简述任务成果扣 4 分	4				
合计				100				

学生自评	
教师评语	
学生签字	年　　月　　日　　教师签字　　年　　月　　日

课题3　典型机床控制线路故障检修

任务1　CA6140车床电气控制线路的检修

1. 任务目的

掌握 CA6140 车床电气控制线路的故障分析及检修方法。其线路如课题 3-1 图所示。

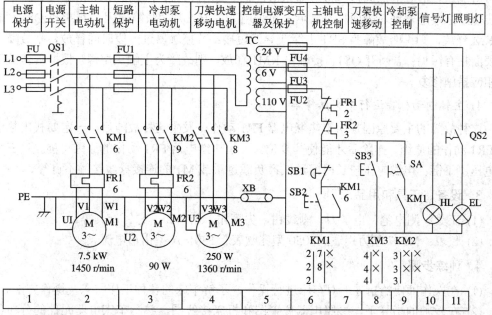

电源保护	电源开关	主轴电动机	短路保护	冷却泵电动机	刀架快速移动电机	控制电源变压器及保护	主轴电机控制	刀架快速移动	冷却泵控制	信号灯	照明灯
1	2	3	4	5	6	7	8	9	10	11	

课题 3-1 图　CA6140 车床电气控制线路

2. 任务内容

1) 主轴电动机 M1 不能启动

检查接触器 KM1 是否吸合，如果吸合，则故障必然发生在电源电路和主电路上。可按下列步骤检修：

(1) 合上断路器 QS1，用万用表测接触器受电端 U1、V1、W1 点之间的电压，如果电压是 380 V，则电源电路正常。当测得 U1 与 V1 之间无电压时，再测量 U1 与 W1 之间有无电压，如果无电压，则 FU(L3)熔断或连线断路；否则，故障是断路器 FU(L3 相)接触不良或连线断路。

修复措施：查明损坏原因，更换相同规格和型号的熔体、断路器及连接导线。

(2) 断开断路器 QS1，用万用表电阻 RX1 挡测量接触器输出端之间的电阻值，如果阻值较小且相等，则说明所测电路正常；否则，依次检查 FR1、电动机 M1 以及它们之间的连线。

修复措施：查明损坏原因，修复或更换同规格、同型号的热继电器 FR1 的电动机 M1 及其之间的连接导线。

(3) 检查接触器 KM1 触头是否良好，如果接触不良或烧毛，则更换动、静触头或相同规格的接触器。

(4) 检查电动机机械部分是否良好，如果电动机内部轴承等损坏，则应更换轴承；如果外部机械有问题，则配合机修钳工进行维修。

2) 主轴电动机 M1 启动后不能自锁

当按下启动按钮 SB2 时，主轴电动机能启动运转，但松开 SB2 后，M1 也随之停止。造成这种故障的原因是接触器 KM 的自锁触头接触不良或连接导线松脱。

3) 主轴电动机 M1 不能停车

造成这种故障的原因多是接触器 KM1 主触头熔焊；停止按钮 SB1 击穿或线路中连接导线短路；接触器铁芯表面粘有污垢。可采用下列方法判明故障原因：若断开 QS1，接触器 KM 释放，则说明故障为 SB1 击穿或导线短接；若接触器过一段时间释放，则故障为铁芯表面粘有污垢；若断开 QS1，接触器 KM1 释放，则故障为主触头熔焊。根据具体故障采取相应措施修复。

4) 主轴电动机在运行中突然停车

这种故障的主要原因是由于热继电器 FR1 动作。发生这种故障后，一定要找出热继电器 FR1 动作的原因，排除后才能使其复位。引起热继电器 FR1 动作的原因可能是：三相电源电压不平衡；电源电压较长时间过低；负载过重或 M1 的连接导线接触不良等。

3．设备、工具和用品

(1) 工具：测电笔、电工刀、剥线钳、尖嘴钳、斜口钳、螺钉旋具等。

(2) 仪表：MF47 型万用表、5050 型兆欧表、T301-A 型钳形电流表。

4．训练步骤

(1) 在操作师傅的指导下对车床进行操作，了解车床的各种工作状态及操作方法。

(2) 在教师的指导下，参照电器位置图和机床接线图，熟悉车床电器元件的分布位置和走线情况。

(3) 在 CA6140 车床上人为设置自然故障点。

(4) 教师示范检修。

(5) 教师设置让学生事先知道的故障点，指导学生如何从故障现象着手进行分析，逐步引导学生采用正确的检修步骤和检修方法。

(6) 教师设置故障点，由学生检修。

注意事项：

(1) 熟悉 CA6140 车床电气控制线路的基本环节及控制要求，认真观摩教师示范检修。

(2) 检修所用工具、仪表应符合使用要求。

(3) 排除故障时，必须修复故障点，但不得采用元件代换法。

(4) 检修时，严禁扩大故障范围或产生新的故障。

(5) 带电检修时，必须有指导教师监护，以确保安全。

5. 任务单

任务名称	CA6140 车床电气故障检修	学时		班级	
学生姓名		学生学号		任务成绩	
实训材料与仪表		实训场地		日期	
任务	1. CA6140 车床的主轴电动机 M1 不能启动，试用相关方法对其进行检修 2. CA6140 车床的刀架快速移动电动机 M3 不能启动，试用相关方法对其进行检修				
任务目的					
(一) 资讯					
资讯问题： 资讯引导：《电气控制线路安装与维修》 作者：王建 出版社：中国劳动出版社					
(二) 决策与计划					
(三) 实施					
(四) 检查（评价）					

6. 评分标准

序号	工作过程	主要内容	评分标准	配分	自评		教师	
					扣分	得分	扣分	得分
1	资讯 (10 分)	任务相关 知识查找	1. 查找相关知识进行学习，对任务知识的掌握度达不到 60% 扣 5 分	10				
			2. 查找相关知识进行学习，对任务知识的掌握度达不到 80% 扣 2 分					
			3. 查找相关知识进行学习，对任务知识的掌握度达不到 90% 扣 1 分					
2	决策计划 (10 分)	确定方案 编写计划	1. 制定整体设计方案，在实施过程中修改一次扣 2 分	10				
			2. 制定实施方法，在实施过程中修改一次扣 2 分					

序号	工作过程	主要内容	评分标准	配分	自评		教师	
					扣分	得分	扣分	得分
3	实施 (10分)	记录实施过程步骤	1. 实施过程中，步骤记录不完整度达到10%扣2分	10				
			2. 实施过程中，步骤记录不完整度达到20%扣3分					
			3. 实施过程中，步骤记录不完整度达到40%扣5分					
4	检查评价 (60分)	前期准备	1. 排除故障前不进行调查研究扣2分	4				
			2. 仪表使用方法不正确扣2分					
		故障检测	1. 设备操作不熟练扣2分	21				
			2. 在原理图上标不出故障范围或标错，每个故障点扣2分					
			3. 不能标出最小故障范围，每个故障点扣2分					
			4. 故障分析思路不清楚，每个故障点扣2分					
			5. 不能排除故障点，每个扣5分					
			6. 方法不正确，每个故障点扣5分					
		调试	1. 通电顺序不对扣5分	15				
			2. 扩大故障范围或产生新故障，每个扣5分					
		调试效果	1. 每少排除一处故障扣5分	20				
			2. 损坏电动机，直接扣20分					
5	职业规范 团队合作 (10分)	安全文明生产	违反安全文明操作规程扣3分	3				
		组织协调与合作	团队合作较差，小组不能配合完成任务扣3分	3				
		交流与表达能力	不能用专业语言正确流利简述任务成果扣4分	4				
合计				100				

学生自评	
教师评语	
学生签字	年　月　日　　教师签字　　年　月　日

任务2　X62W 万能铣床控制线路的检修

1. 任务目的

掌握 X62W 万能铣床电气控制线路的故障分析与检修。其线路图如课题 3-2 图所示。

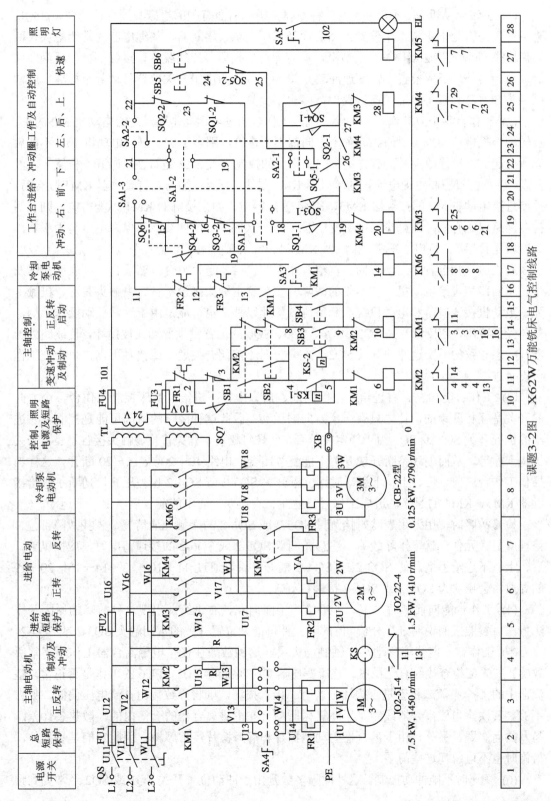

课题3-2图 X62W万能铣床电气控制线路

2．任务内容

(1) 主轴电动机 M1 不能启动。这种故障分析和前面有关的机床故障分析类似，首先检查各开关是否处于正常工作位置；然后检查三相电源、熔断器、热继电器的常闭触头、两地启/停按钮以及接触器 KM1 的情况，看有无电器损坏、接线脱落、接触不良、线圈断路等现象。另外，还应检查主轴变速冲动开关 SQ1，因为由于开关位置移动甚至撞坏，或常闭触头 SQ1-2 接触不良而引起线路的故障也不少见。

(2) 工作台各个方向都不能进给。铣床工作台的进给运动是通过进给电动机 M2 的正、反转配合机械传动来实现的。若各个方向都不能进给，则多是由于进给电动机 M2 不能启动所引起的。检修故障时，首先检查圆工作台的控制开关 SA2 是否在"断开"位置。若没问题，接着检查控制主轴电动机的接触器 KM1 是否已吸合。因为只有接触器 KM1 吸合后，控制进给电动机 M2 的接触器 KM3、KM4 才能得电。如果接触器 KM1 不能得电，则表明控制回路电源有故障，可检测控制变压器 TC 一次侧、二次侧线圈和电源电压是否正常，熔断器是否熔断。待电压正常，接触器 KM1 吸合，主轴旋转后，若各个方向仍无进给运动，可扳动进给手柄至各个运动方向，观察其相关的接触器是否吸合，若吸合，则表明故障发生在主回路和进给电动机上，常见的故障有接触器主触头接触不良、主触头脱落、机械卡死、电动机接线脱落和电动机绕组断路等。除此以外，也可能是由于经常扳动操作手柄，开关受到冲击，使位置开关 SQ3、SQ4、SQ5、SQ6 的位置发生变动或被撞坏，使线路处于断开状态导致的。变速冲动开关 SQ2-2 在复位时不能闭合接通，或接触不良，也会使工作台没有进给。

(3) 工作台能向左、右进给，不能向前、后、上、下进给。铣床控制工作台各个方向的开关是互相联锁的，使之只有一个方向的运动。因此这种故障的原因可能是控制左右进给的位置开关 SQ5 或 SQ6 由于经常被压合，使螺钉松动、开关移位、触头接触不良、开关机构卡住等，从而使线路断开或开关不能复位闭合，电路 19－20 或 15－20 断开。这样当操作工作台向前、后、上、下运动时，位置开关 SQ3-2 或 SQ4-2 也被压开，切断了进给接触器 KM3、KM4 的通路，造成工作台只能左、右运动，而不能前、后、上、下运动。

检修故障时，用万用表欧姆挡测量 SQ5-2 或 SQ6-2 的接触导通情况，查找故障部位，修理或更换元件，就可排除故障。注意在测量 SQ5-2 或 SQ6-2 的接通情况时，应操纵前、后、上、下进给手柄，使 SQ3-2 或 SQ4-2 断开，否则通过 11－10－13－14－15－20－19 的导通，会误认为 SQ5-2 或 SQ6-2 接触良好。

(4) 工作台能向前、后、上、下进给，不能向左、右进给。出现这种故障的原因及排除方法可参照上例说明进行分析，但故障元件可能是位置开关的常闭触头 SQ3-2 或 SQ4-2。

(5) 工作台不能快速移动，主轴制动失灵。这种故障往往是电磁离合器工作不正常所致的。首先应检查接线有无松脱，整流变压器 T2、熔断器 FU3、FU6 的工作是否正常，整流器中的 4 个整流二极管是否损坏。若有二极管损坏，则将导致输出直流电压偏低，吸力不够。其次，电磁离合器线圈是用环氧树脂粘合在电磁离合器的套筒内的，散热条件差，易发热而烧毁。另外，由于离合器的动摩擦片和静摩擦片经常摩擦，因此它们是易损件，检修时也不可忽视这些问题。

(6) 变速时不能冲动控制。这种故障多数是由于冲动位置开关 SQ1 或 SQ2 经常受到频繁冲击，使开关位置改变(压不上开关)，甚至开关底座被撞坏或接触不良，从而使线路断开，造成主轴电动机 M1 或进给电动机 M2 不能瞬时点动。出现这种故障时，修理或更换开关，并调整好开关的动作距离，即可恢复冲动控制。

3. 设备、工具和用品

(1) 工具：测电笔、电工刀、尖嘴钳、斜口钳、剥线钳、螺钉旋具等。

(2) 仪表：MF47 型万用表、5050 型兆欧表、T301-A 型钳形电流表。

4. 操作工艺要点

(1) 熟悉铣床的主要结构和运动形式，对铣床进行实际操作，了解铣床的各种工作状态及操作手柄的作用。

(2) 熟悉铣床电器元件的安装位置、走线情况以及操作手柄处于不同位置时，位置开关的工作状态及运动部件的工作情况。

(3) 在有故障的铣床上或人为设置故障的铣床上，由教师示范检修，边分析边检查，直至故障排除。

(4) 由教师设置让学生知道的故障点，指导学生如何从故障现象着手进行分析，如何采用正确的检查步骤和检修方法进行检修。

(5) 教师设置人为的故障点，由学生按照检查步骤和检修方法进行检修。

注意事项：

(1) 检修前要认真阅读电路图，熟练掌握各个控制环节的原理及作用，并认真仔细地观察教师的示范检修。

(2) 由于该类铣床的电气控制与机械结构的配合十分密切，因此，在出现故障时，应首先判明是机械故障还是电气故障。

(3) 修复故障时，要注意消除故障产生的根本原因，以避免频繁发生相同的故障。

(4) 停电要验电。带电检修时，必须有指导教师在现场监护，以确保用电安全。

(5) 工具和仪表使用要正确。

5. 任务单

任务名称	W62 万能铣床电气故障检修		学时		班级	
学生姓名			学生学号		任务成绩	
实训材料与仪表			实训场地		日期	
任务	1. 主轴电动机 M1 不能启动 2. 工作台能向前、后、上、下进给，不能向左、右进给					
任务目的						
(一) 资讯						
资讯问题：						

资讯引导：《电气控制线路安装与维修》　作者：王建　出版社：中国劳动出版社

(二) 决策与计划
(三) 实施
(四) 检查(评价)

6. 评分标准

序号	工作过程	主要内容	评分标准	配分	自评		教师	
					扣分	得分	扣分	得分
1	资讯 (10分)	任务相关 知识查找	1. 查找相关知识进行学习,对任务知识的掌握度达不到60%扣5分	10				
			2. 查找相关知识进行学习,对任务知识的掌握度达不到80%扣2分					
			3. 查找相关知识进行学习,对任务知识的掌握度达不到90%扣1分					
2	决策计划 (10分)	确定方案 编写计划	1. 制定整体设计方案,在实施过程中修改一次扣2分	10				
			2. 制定实施方法,在实施过程中修改一次扣2分					
3	实施 (10分)	记录实施 过程步骤	1. 实施过程中,步骤记录不完整度达到10%扣2分	10				
			2. 实施过程中,步骤记录不完整度达到20%扣3分					
			3. 实施过程中,步骤记录不完整度达到40%扣5分					
4	检查评价 (60分)	前期准备	1. 排除故障前不进行调查研究扣2分	4				
			2. 仪表使用方法不正确扣2分					
		故障检测	1. 设备操作不熟练扣2分	21				
			2. 在原理图上标不出故障范围或标错,每个故障点扣2分					
			3. 不能标出最小故障范围,每个故障点扣2分					
			4. 故障分析思路不清楚,每个故障点扣2分					
			5. 不能排除故障点,每个扣5分					
			6. 方法不正确,每个故障点扣5分					

序号	工作过程	主要内容	评分标准	配分	自评		教师	
					扣分	得分	扣分	得分
4	检查评价 (60分)	调试	1. 通电顺序不对扣5分 2. 扩大故障范围或产生新故障，每个扣5分	15				
		调试效果	1. 每少排除一处故障扣5分 2. 损坏电动机，直接扣20分	20				
5	职业规范 团队合作 (10分)	安全文明生产	违反安全文明操作规程扣3分	3				
		组织协调与合作	团队合作较差，小组不能配合完成任务扣3分	3				
		交流与表达能力	不能用专业语言正确流利简述任务成果扣4分	4				
合计				100				
学生自评								
教师评语								
学生签字		年　月　日		教师签字			年　月　日	

任务3　Z35摇臂钻床控制线路的检修

1. 任务目的

掌握 Z35 摇臂钻床电气控制线路的故障分析与检修。其线路图如课题 3-3 图所示。

2. 任务内容

1) 所有电动机都不能启动

当发现该机床的所有电动机都不能正常启动时，一般可以断定故障发生在电气线路的公用部分。可按下述步骤来检查：

(1) 在电气箱内检查从汇流环 YG 引入电气箱的三相电源是否正常，如发现三相电源有缺相或其它故障现象，则应在立柱下端配电盘处，检查引入机床电源隔离开关 Q1 处的电源是否正常，并查看汇流环 YG 的接触点是否良好。

(2) 检查熔断器 FU1 并确定 FU1 的熔体是否熔断。

(3) 检查控制变压器 TC 的一、二次侧绕组的电压是否正常，如一次侧绕组的电压不正常，则应检查变压器的接线有否松动；如果一次侧绕组两端的电压正常，而二次侧绕组电压不正常，则应检查变压器输出 110V 端绕组是否断路或短路，同时应检查熔断器 FU4 是否熔断。

(4) 如上述检查都正常，则可依次检查热继电器 FR 的动断触头、十字开关 SA 内的微动开关的动合触头及零压继电器 KA 线圈连接线的接触是否良好，有无断路故障等。

2) 主轴电动机 M2 的故障

(1) 主轴电动机 M2 不能启动。若接触器 KM1 已获电吸合，但主轴电动机 M2 仍不能启动旋转，可检查接触器 KM1 的三个主触头接触是否正常，连接电动机的导线是否脱落或松动。若接触器 KM1 不动作，则首先检查熔断器 FU2 和 FU4 的熔体是否熔断，然后检查热继电器 FR 是否已动作，其动断触头的接触是否良好，十字开关 SA 的触头接触是否良好，接触器 KM1 的线圈接线头有否松脱；有时由于供电电压过低，使零压继电器 KA 或接触器 KM1 不能吸合。

(2) 主轴电动机 M2 不能停止。当把十字开关 SA 扳到"中间"停止位置时，主轴电动机 M2 仍不能停转，这种故障多半是由于接触器 KM1 的主触头发生熔焊所造成的。这时应立即断开电源隔离开关 Q1，才能使电动机 M2 停转，已熔焊的主触头要更换；同时必须找出发生触头熔焊的原因，彻底排除故障后才能重新启动电动机 M2。

3) 摇臂升降运动的故障

Z35 摇臂钻床的升降运动是借助电气、机械传动的紧密配合来实现的，因此在检修时既要注意电气控制部分，又要注意机械部分的协调。

(1) 摇臂升降电动机 M3 某个方向不能启动。电动机 M3 只有一个方向能正常运转，这一故障一般是出在该故障方向的控制线路或供给电动机 M3 电源的接触器上。例如电动机 M3 带动摇臂上升方向有故障时，接触器 KM2 不吸合，此时可依次检查十字开关 SA 上面的触头、行程开关 SB1 的动断触头、接触器 KM3 的动断联锁触头以及接触器 KM2 的线圈和连接导线等有否断路故障；如接触器 KM2 能动作吸合，则应检查其主触头的接触是否良好。

(2) 摇臂上升（或下降）夹紧后，电动机 M3 仍正反转重复不停。这种故障的原因是鼓形转换开关上 SQ2 的两个动合静触头的位置调整不当，使它们不能及时分断引起的。鼓形转换开关的结构及工作原理分别如图 3-10 和课题 3-3 图所示。图中 1 和 4 是两块随转鼓 5 一起转动的动触头，当摇臂不作升降运动时，要求两个动合静触头 3 和 2 正好处于两块动触头 1 和 4 之间的位置，使 SQ2-1 和 SQ2-2 都处于断开状态，如转轴受外力的作用使转鼓沿顺时针方向转过一个角度，则下面的一个动合静触头 SQ2-2 接通；若鼓形转换开关沿逆时针方向转过一个角度，则上面的一个动合静触头 SQ2-1 接通。由于动触头 1 和 4 的相对位置决定了转动到两个动合静触头接通的角度值，所以鼓形转换开关 SQ2 的分断是使摇臂升降与松紧的关键，如果动触头 1 和 4 的位置调整得太近，就会出现上述故障。当摇臂上升到预定位置时，将十字开关 SA 扳回中间位置，接触器 KM2 线圈就断电释放，由于 SQ2-2 在摇臂松开时已接通，故接触器 KM3 线圈获电吸合，电动机 M3 反转，通过夹紧机构把摇臂夹紧，并同时带动鼓形转换开关逆时针旋转一个角度，使 SQ2-2 离开动触头 4，处于断开状态，而电动机 M3 及机械部分装置因惯性仍在继续转动，此时由于动触头 1 和 4 间调整得太近，鼓形转换开关转过中间的切断位置，使动触头又同 SQ2-1 接通，导致接触器 KM2 再次获电吸合，使电动机 M3 又正转启动。如此循环，造成电动机 M3 正反转重复运转，使摇臂夹紧和放松动作也重复不停。

(3) 摇臂升降后不能充分夹紧。原因之一是鼓形转换开关上压紧动触头的螺钉松动，造成动触头 1 或 4 的位置偏移。在正常情况下，当摇臂放松后，上升到所需的位置，将十字开关 SA 扳到中间位置时，SQ2-2 应早已接通，使接触器 KM3 获电吸合，使摇臂夹紧。

现因动触头 4 位置偏移，使 SQ2-2 未按规定位置闭合，造成 KM3 不能按时动作，电动机 M3 也就不启动反转进行夹紧，故摇臂仍处于放松状态。

若摇臂上升完毕没有夹紧作用，而下降完毕却有夹紧作用，这是由于动触头 4 和静触头 SQ2-2 的故障。反之是动触头 1 和静触头 SQ2-1 的故障。另外，鼓形转换开关上的动静触头发生弯扭、磨损、接触不良或两个动合静触头过早分断，也会使摇臂不能充分夹紧。另一个原因是当鼓形转换开关和连接它的传动齿轮在检修安装时，没有注意到鼓形转换开关上的两个动合触头的原始位置与夹紧装置的协调配合，就起不到夹紧作用。例如带动鼓形开关的机构位置偏移，就会造成摇臂夹紧机构在没有到夹紧位置（或超过夹紧位置），即在离夹紧位置尚有三个齿距处便停止运动。

摇臂若不完全夹紧，会造成钻削的工件精度达不到规定。

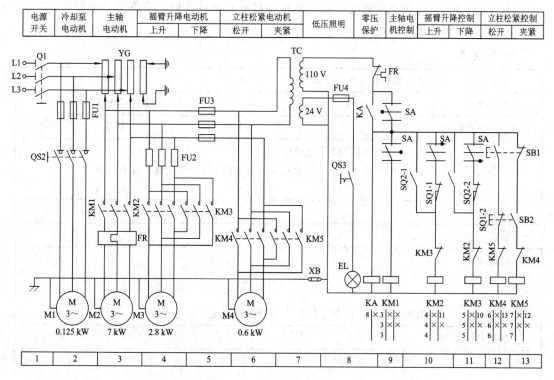

课题 3-3 图　Z35 摇臂钻床电气控制线路

3. 设备、工具和材料

(1) 工具：测电笔、电工刀、尖嘴钳、斜口钳、剥线钳、螺钉旋具等。

(2) 仪表：MF47 型万用表、5050 型兆欧表、T301-A 型钳形电流表。

4. 操作工艺要点

(1) 熟悉 Z35 摇臂钻床的主要结构和运动形式，对 Z35 摇臂钻床进行实际操作，了解铣床的各种工作状态及操作手柄的作用。

(2) 熟悉 Z35 摇臂钻床电器元件的安装位置、走线情况以及操作手柄处于不同位置时，位置开关的工作状态及运动部件的工作情况。

(3) 在有故障的 Z35 摇臂钻床上或人为设置故障在 Z35 摇臂钻床上，由教师示范检修，边分析边检查，直至故障排除。

(4) 由教师设置让学生知道的故障点，指导学生如何从故障现象着手进行分析，如何采用正确的检查步骤和检修方法进行检修。

(5) 教师设置人为的故障点，由学生按照检查步骤和检修方法进行检修。

注意事项：

(1) 检修前要认真阅读电路图，熟练掌握各个控制环节的原理及作用，并认真仔细地观察教师的示范检修。

(2) 由于该类 Z35 摇臂钻床的电气控制与机械结构的配合十分密切，因此，在出现故障时，应首先判明是机械故障还是电气故障。

(3) 修复故障时，要注意消除故障产生的根本原因，以避免频繁发生相同的故障。

(4) 停电要验电。带电检修时，必须有指导教师在现场监护，以确保用电安全。

(5) 工具和仪表使用要正确。

5. 任务单

任务名称	Z35 摇臂钻床电气故障检修		学时		班级	
学生姓名			学生学号		任务成绩	
工具、仪表和材料			实训场地		日期	
任务内容	1. 主轴电动机 M2 不能启动 2. 摇臂上升（或下降）夹紧后，电动机 M3 仍正反转重复不停					
任务目的						
(一) 资讯						
资讯问题： 资讯引导：《机床电器控制技术》　作者：李伟　出版社：机械工业出版社						
(二) 决策与计划						
(三) 实施						
(四) 检查(评价)						

6. 评分标准

序号	工作过程	主要内容	评分标准	配分	自评 扣分	自评 得分	教师 扣分	教师 得分
1	资讯 (10分)	任务相关知识查找	1. 查找相关知识进行学习,对任务知识的掌握度达不到60%扣5分	10				
			2. 查找相关知识进行学习,对任务知识的掌握度达不到80%扣2分					
			3. 查找相关知识进行学习,对任务知识的掌握度达不到90%扣1分					
2	决策计划 (10分)	确定方案编写计划	1. 制定整体设计方案,在实施过程中修改一次扣2分	10				
			2. 制定实施方法,在实施过程中修改一次扣2分					
3	实施 (10分)	记录实施过程步骤	1. 实施过程中,步骤记录不完整度达到10%扣2分	10				
			2. 实施过程中,步骤记录不完整度达到20%扣3分					
			3. 实施过程中,步骤记录不完整度达到40%扣5分					
4	检查评价 (60分)	前期准备	1. 排除故障前不进行调查研究扣2分	4				
			2. 仪表使用方法不正确扣2分					
		故障检测	1. 设备操作不熟练扣2分	21				
			2. 在原理图上标不出故障范围或标错,每个故障点扣2分					
			3. 不能标出最小故障范围,每个故障点扣2分					
			4. 故障分析思路不清楚,每个故障点扣2分					
			5. 不能排除故障点,每个扣5分					
			6. 方法不正确,每个故障点扣5分					
		调试	1. 通电顺序不对扣5分	15				
			2. 扩大故障范围或产生新故障,每个扣5分					
		调试效果	1. 每少排除一处故障扣5分	20				
			2. 损坏电动机,直接扣20分					
5	职业规范团队合作 (10分)	安全文明生产	违反安全文明操作规程扣3分	3				
		组织协调与合作	团队合作较差,小组不能配合完成任务扣3分	3				
		交流与表达能力	不能用专业语言正确流利简述任务成果扣4分	4				
合计				100				
学生自评								
教师评语								
学生签字			年　　月　　日	教师签字		年　　月　　日		

课题4 PLC控制线路的设计、安装与调试

任务1 用PLC改造三相异步电动机自动控制Y-△降压启动控制线路

1. 任务目的

(1) 掌握用PLC改造继电−接触式电气控制线路的一般方法。

(2) 掌握PLC电气控制线路的安装与调试方法。

2. 任务内容

用PLC改造三相笼型异步电动机自动控制Y-△降压启动控制线路，并进行设计、安装与调试。其线路图如课题4-1图所示。

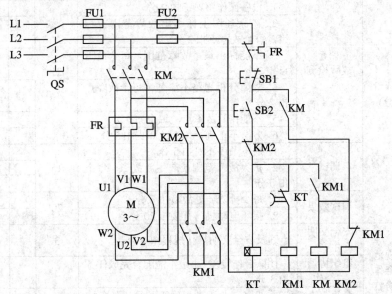

课题4-1图 用PLC改造异步电动机自动控制Y-△减压启动控制线路

3. 设备、工具和材料

(1) 工具：验电笔、钢丝钳、螺丝刀(包括十字口螺丝刀、一字口螺丝刀)、电工刀、尖嘴钳等。

(2) 仪表：MF47型万用表、5050型兆欧表、T301-A型钳形电流表。

(3) 器材：控制板一块(600 mm × 500 mm × 20 mm)；导线规格：动力电路采用 BVR 2.5 mm² 塑铜线(黑色)，控制电路采用 BVR 1 mm² 塑铜线(红色)，按钮控制电路采用 BVR

1 mm² 塑铜线(红色)，接地线采用 BVR 塑铜线(黄绿双色，截面至少 1.5 mm²)；紧固体及编码套管等的数量视需要而定。

元 件 明 细 表

序号	名　称	型号与规格	单位	数量
1	三相电动机	Y112M-4，4 kW	台	1
2	组合开关	HZ10-25/3	只	1
3	交流接触器	CJ10-20，线圈电压 220 V	只	4
4	热继电器	JR16-20/3，整定电流 10 A～16 A	只	1
5	熔断器及熔芯配套	RL1-60/20	套	3
6	熔断器及熔芯配套	RL1-15/4	套	2
7	三联按钮	LA10-3H 或 LA4-3H	只	2
8	接线端子排	JX2-1015，500 V(10 A、15 节)	条	1
9	木螺丝	$\phi 3 \times 20$ mm；$\phi 3 \times 15$ mm	只	30
10	平垫圈	$\phi 4$ mm	个	30
11	别径压端子	UT2.5-4，UT1-4	个	20
12	行线槽	TC3025，长自定，两边打 $\phi 3.5$ mm 孔	米	5
13	异型塑料管	$\phi 3.5$ mm	米	0.2
14	可编程序控制器	FX2-48MR 或自定	台	1
15	便携式编程器	FX2-20P 或自定	台	1

4. 操作工艺要点

1) 电路设计

根据给定的继电控制电路图，列出 PLC 控制 I/O 口元件地址分配表，设计梯形图及控制 I/O 口接线图，根据梯形图列出指令。

2) 安装与接线

(1) 按 PLC 控制 I/O 口接线图在模拟配线板上正确安装，元件在配线板上布置合理，安装要准确、紧固，配线导线要紧固、美观，导线要进行线槽并要有端子标号，引出端要用别径压端子。

(2) 将熔断器、接触器、继电器、转换开关、PLC 装在一块配线板上，而将方式转换开关、按钮等装在另一块配线板上。

3) 程序输入及调试

(1) 能正确地将所编程序输入 PLC，按照被控设备的动作要求进行模拟调试，达到设计要求。

(2) 正确使用电工工具及万用表进行仔细检查，最好通电实验一次成功，并注意人身和设备安全。

5. 任务单

任务名称	PLC 电气控制线路的设计、安装与调试	学时		班级	
学生姓名		学生学号		任务成绩	
工具、仪表和材料		实训场地		日期	
任务内容	用 PLC 改造三相笼型异步电动机自动控制 Y–△降压启动控制线路，并进行设计、安装与调试				
任务目的					
(一) 资讯					
资讯问题： 资讯引导：《电气控制线路安装与维修》　作者：王建　　出版社：中国劳动出版社					
(二) 决策与计划					
(三) 实施					
(四) 检查(评价)					

6. 评分标准

序号	工作过程	主要内容	评分标准	配分	自评 扣分	自评 得分	教师 扣分	教师 得分
1	资讯 (10分)	任务相关知识查找	1. 查找相关知识进行学习，对任务知识的掌握度达不到60%扣5分 2. 查找相关知识进行学习，对任务知识的掌握度达不到80%扣2分 3. 查找相关知识进行学习，对任务知识的掌握度达不到90%扣1分	10				
2	决策计划 (10分)	确定方案编写计划	1. 制定整体设计方案，在实施过程中修改一次扣2分 2. 制定实施方法，在实施过程中修改一次扣2分	10				

序号	工作过程	主要内容	评分标准	配分	自评		教师	
					扣分	得分	扣分	得分
3	实施 (10分)	记录实施 过程步骤	1. 实施过程中，步骤记录不完整度达到10%扣2分	10				
			2. 实施过程中，步骤记录不完整度达到20%扣3分					
			3. 实施过程中，步骤记录不完整度达到40%扣5分					
4	检查评价 (60分)	电路设计	1. 输入/输出地址遗漏或搞错，每处扣2分	20				
			2. 梯形图表达不正确或画法不规范，每处扣2分					
			3. 接线图表达不正确或画法不规范，每处扣2分					
			4. 指令有错，每条扣5分。					
		安装与 接线	1. 元件布置不整齐、不匀称、不合理，每只扣2分	20				
			2. 元件安装不牢固、安装元件时漏装木螺钉，每只扣2分					
			3. 损坏元件扣5分					
			4. 电动机运行正常，但未按电路图接线扣5分					
			5. 布线不进行线槽，不美观，主电路、控制电路每根扣2分					
			6. 接点松动、露铜过长、反圈、压绝缘层，标记线号不清楚、遗漏或误标，引出端无别径压端子，每处扣1分					
			7. 损伤导线绝缘或线芯，每根扣1分					
			8. 不按PLC控制I/O接线图接线，每处扣5分					
		程序输入 与调试	1. 不会熟练操作PLC键盘输入指令扣5分	20				
			2. 不会用删除、插入、修改等命令，每项扣5分					
			3. 一次试车不成功扣2分，两次试车不成功扣5分，三次试车不成功扣10分					
5	职业规范 团队合作 (10分)	安全文明 生产	违反安全文明操作规程扣3分	3				
		组织协调 与合作	团队合作较差，小组不能配合完成任务扣3分	3				
		交流与表 达能力	不能用专业语言正确流利简述任务成果扣4分	4				
	合计			100				

学生自评	
教师评语	
学生签字	年　月　日　　教师签字　　年　月　日

任务2 用PLC改造三相异步电动机自动控制Y-△能耗制动控制线路

1. 任务目的

(1) 掌握用 PLC 改造继电–接触式电气控制线路的一般方法。

(2) 掌握 PLC 电气控制线路的安装与调试方法。

2. 任务内容

用 PLC 改造三相笼型异步电动机自动控制 Y-△降压启动、能耗制动控制线路，并进行设计、安装与调试。其线路图如课题 4-2 图所示。

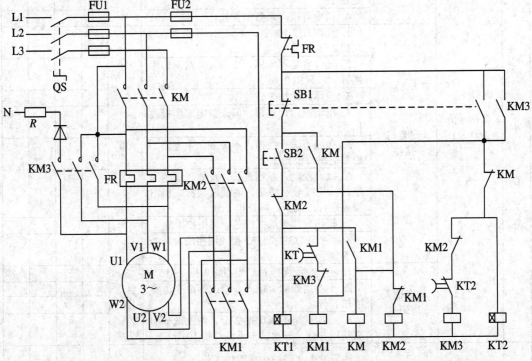

课题 4-2 图 用 PLC 改造异步电动机自动控制 Y-△降压启动、能耗制动控制线路

3. 设备、工具和用品

(1) 工具：验电笔、钢丝钳、螺丝刀(包括十字口螺丝刀、一字口螺丝刀)、电工刀、尖嘴钳等。

(2) 仪表：MF47 型万用表、5050 型兆欧表、T301-A 型钳形电流表。

(3) 器材：控制板一块(600 mm × 500 mm × 20 mm)；导线规格：动力电路采用 BVR 2.5 mm² 塑铜线(黑色)，控制电路采用 BVR 1 mm² 塑铜线(红色)，按钮控制电路采用 BVR 1 mm² 塑铜线(红色)，接地线采用 BVR 塑铜线(黄绿双色，截面至少 1.5 mm²)；紧固体及编码套管等的数量视需要而定。

元 件 明 细 表

序号	名 称	型号与规格	单位	数量
1	三相电动机	Y112M-4，4 kW	台	1
2	组合开关	HZ10-25/3	只	1
3	交流接触器	CJ10-20，线圈电压 220 V	只	4
4	热继电器	JR16-20/3，整定电流 10 A～16 A	只	1
5	熔断器及熔芯配套	RL1-60/20	套	3
6	熔断器及熔芯配套	RL1-15/4	套	2
7	三联按钮	LA10-3H 或 LA4-3H	只	2
8	接线端子排	JX2-1015，500 V(10 A、15 节)	条	1
9	木螺丝	ϕ 3 × 20 mm，ϕ 3 × 15 mm	只	30
10	平垫圈	ϕ 4 mm	个	30
11	别径压端子	UT2.5-4，UT1-4	个	20
12	行线槽	TC3025，长自定，两边打 ϕ 3.5 mm 孔	米	5
13	异型塑料管	ϕ 3.5 mm	米	0.2
14	可编程序控制器	FX2-48MR 或自定	台	1
15	便携式编程器	FX2-20P 或自定	台	1

4．操作工艺要点

1) 电路设计

根据给定的继电控制电路图，列出 PLC 控制 I/O 口元件地址分配表，设计梯形图及控制 I/O 口接线图，根据梯形图列出指令。

2) 安装与接线

(1) 按 PLC 控制 I/O 口接线图在模拟配线板上正确安装，元件在配线板上的布置要合理，安装要准确、紧固，配线导线要紧固、美观，导线要进行线槽，导线要有端子标号，引出端要用别径压端子。

(2) 将熔断器、接触器、继电器、转换开关、PLC 装在一块配线板上，而将方式转换开关、按钮等装在另一块配线板上。

3) 程序输入及调试

(1) 能正确地将所编程序输入 PLC，按照被控设备的动作要求进行模拟调试，达到设计要求。

(2) 正确使用电工工具及万用表进行仔细检查，最好通电实验一次成功，并注意人身和设备安全。

5. 任务单

任务名称	PLC电气控制线路的设计、安装与调试	学时		班级	
学生姓名		学生学号		任务成绩	
工具、仪表和材料		实训场地		日期	
任务内容	用PLC改造三相笼型异步电动机自动控制Y-△降压启动、能耗制动控制线路，并进行设计、安装与调试				
任务目的					
(一) 资讯					
资讯问题： 资讯引导：《电气控制线路安装与维修》 作者：王建 出版社：中国劳动出版社					
(二) 决策与计划					
(三) 实施					
(四) 检查(评价)					

6. 评分标准

序号	工作过程	主要内容	评分标准	配分	自评 扣分	自评 得分	教师 扣分	教师 得分
1	资讯 (10分)	任务相关知识查找	1. 查找相关知识进行学习，对任务知识的掌握度达不到60%扣5分 2. 查找相关知识进行学习，对任务知识的掌握度达不到80%扣2分 3. 查找相关知识进行学习，对任务知识的掌握度达不到90%扣1分	10				
2	决策计划 (10分)	确定方案编写计划	1. 制定整体设计方案，在实施过程中修改一次扣2分 2. 制定实施方法，在实施过程中修改一次扣2分	10				

序号	工作过程	主要内容	评分标准	配分	自评		教师	
					扣分	得分	扣分	得分
3	实施 (10分)	记录实施 过程步骤	1. 实施过程中，步骤记录不完整度达到10%扣2分	10				
			2. 实施过程中，步骤记录不完整度达到20%扣3分					
			3. 实施过程中，步骤记录不完整度达到40%扣5分					
4	检查评价 (60分)	电路设计	1. 输入/输出地址遗漏或搞错，每处扣2分	20				
			2. 梯形图表达不正确或画法不规范，每处扣2分					
			3. 接线图表达不正确或画法不规范，每处扣2分					
			4. 指令有错，每条扣5分。					
		安装与接线	1. 元件布置不整齐、不匀称、不合理，每只扣2分	20				
			2. 元件安装不牢固、安装元件时漏装木螺钉，每只扣2分					
			3. 损坏元件扣5分					
			4. 电动机运行正常，但未按电路图接线扣5分					
			5. 布线不进行线槽，不美观，主电路、控制电路每根扣2分					
			6. 接点松动、露铜过长、反圈、压绝缘层，标记线号不清楚、遗漏或误标，引出端无别径压端子，每处扣1分					
			7. 损伤导线绝缘或线芯，每根扣1分					
			8. 不按PLC控制I/O接线图接线，每处扣5分					
		程序输入与调试	1. 不会熟练操作PLC键盘输入指令扣5分	20				
			2. 不会用删除、插入、修改等命令，每项扣5分					
			3. 一次试车不成功扣2分，两次试车不成功扣5分，三次试车不成功扣10分					

序号	工作过程	主要内容	评分标准	配分	自评		教师	
					扣分	得分	扣分	得分
5	职业规范团队合作(10分)	安全文明生产	违反安全文明操作规程扣3分	3				
		组织协调与合作	团队合作较差,小组不能配合完成任务扣3分	3				
		交流与表达能力	不能用专业语言正确流利简述任务成果扣4分	4				
合计				100				
学生自评								
教师评语								
学生签字			年　月　日	教师签字			年　月　日	

任务 3　用 PLC 控制电镀生产线

1. 任务目的

(1) 掌握用 PLC 设计继电–接触式电气控制线路的一般方法。

(2) 掌握 PLC 电气控制线路的安装与调试方法。

2. 任务内容

1) 工艺要求

电镀生产线采用专用行车,行车架装有可升降的吊钩;行车和吊钩各由一台电动机拖动;行车进退和吊钩升降由限位开关控制;生产线定为三槽位;工作循环为:工件放入镀槽→电镀 5 分钟后提起停放 30 秒→放入回收液槽浸 32 分钟,提起后停 16 秒→放入清水槽清洗 32 秒,提起后停 16 秒,行车返回原点。其工艺流程图如课题 4-3 图所示。

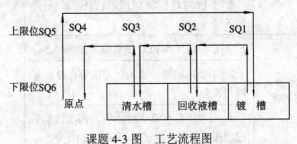

课题 4-3 图　工艺流程图

2) 控制方式要求

(1) 有手动、回原点、单步、单周和连续 5 种工作方式。

(2) 有必要的电气保护和联锁。

3. 设备、工具和用品

(1) 工具：验电笔、钢丝钳、螺丝刀(包括十字口螺丝刀、一字口螺丝刀)、电工刀、尖嘴钳等。

(2) 仪表：MF47 型万用表、5050 型兆欧表、T301-A 型钳形电流表。

(3) 器材：控制板一块(600 mm × 500 mm × 20 mm)；导线规格：动力电路采用 BVR 2.5 mm² 塑铜线(黑色)，控制电路采用 BVR 1 mm² 塑铜线(红色)，按钮控制电路采用 BVR 1 mm² 塑铜线(红色)，接地线采用 BVR 塑铜线(黄绿双色，截面至少 1.5 mm²)；紧固体及编码套管等的数量视需要而定。

元 件 明 细 表

序号	名　称	型号与规格	单位	数量
1	三相电动机	Y112M-4，4 kW	台	1
2	组合开关	HZ10-25/3	只	1
3	交流接触器	CJ10-20，线圈电压 220 V	只	4
4	热继电器	JR16-20/3，整定电流 10 A～16 A	只	1
5	熔断器及熔芯配套	RL1-60/20	套	3
6	熔断器及熔芯配套	RL1-15/4	套	2
7	三联按钮	LA10-3H 或 LA4-3H	只	2
8	接线端子排	JX2-1015，500 V(10 A、15 节)	条	1
9	木螺丝	$\phi 3 \times 20$ mm，$\phi 3 \times 15$ mm	只	30
10	平垫圈	$\phi 4$ mm	个	30
11	别径压端子	UT2.5-4，UT1-4	个	20
12	行线槽	TC3025，长自定，两边打 $\phi 3.5$ mm 孔	米	5
13	可编程序控制器	FX2-48MR 或自定	台	1
14	便携式编程器	FX2-20P 或自定	台	1

4. 操作工艺要点

1) 电路设计

根据题意，设计主电路电路图，列出 PLC 控制 I/O 口元件地址分配表，根据加工工艺，设计梯形图及 PLC 控制 I/O 口接线图，根据梯形图列出指令表。

2) 安装与接线

(1) 按 PLC 控制 I/O 口接线图在模拟配线板上正确安装，元件在配线板上的布置要合理，安装要准确、紧固，配线导线要紧固、美观，导线要进行线槽，导线要有端子标号，引出端要用别径压端子。

(2) 将熔断器、接触器、继电器、转换开关、PLC 装在一块配线板上，而将方式转换开关、按钮等装在另一块配线板上。

3) 程序输入及调试

(1) 能正确地将所编程序输入 PLC，按照被控设备的动作要求进行模拟调试，达到设计要求。

(2) 正确使用电工工具及万用表仔细进行检查，最好通电试验一次成功，并注意人身和设备安全。

5. 任务单

任务名称	PLC 控制电镀生产线	学时		班级	
学生姓名		学生学号		任务成绩	
工具、仪表和材料		实训场地		日期	
任务内容	用 PLC 控制电镀生产线电气控制线路的设计、安装与调试				
任务目的					

(一) 资讯
资讯问题：
资讯引导：《电气控制线路安装与维修》 作者：王建 出版社：中国劳动出版社

(二) 决策与计划

(三) 实施

(四) 检查(评价)

6. 评分标准

序号	工作过程	主要内容	评分标准	配分	自评 扣分	自评 得分	教师 扣分	教师 得分
1	资讯(10分)	任务相关知识查找	1. 查找相关知识进行学习，对任务知识的掌握度达不到60%扣5分 2. 查找相关知识进行学习，对任务知识的掌握度达不到80%扣2分 3. 查找相关知识进行学习，对任务知识的掌握度达不到90%扣1分	10				
2	决策计划(10分)	确定方案编写计划	1. 制定整体设计方案，在实施过程中修改一次扣2分 2. 制定实施方法，在实施过程中修改一次扣2分	10				
3	实施(10分)	记录实施过程步骤	1. 实施过程中，步骤记录不完整度达到10%扣2分 2. 实施过程中，步骤记录不完整度达到20%扣3分 3. 实施过程中，步骤记录不完整度达到40%扣5分	10				
4	检查评价(60分)	电路设计	1. 输入/输出地址遗漏或搞错，每处扣2分 2. 梯形图表达不正确或画法不规范，每处扣2分 3. 接线图表达不正确或画法不规范，每处扣2分 4. 指令有错，每条扣5分	20				
		安装与接线	1. 元件布置不整齐、不匀称、不合理，每只扣2分 2. 元件安装不牢固、安装元件时漏装木螺钉，每只扣2分 3. 损坏元件扣5分 4. 电动机运行正常，但未按电路图接线扣5分 5. 布线不进行线槽，不美观，主电路、控制电路每根扣2分 6. 接点松动、露铜过长、反圈、压绝缘层，标记线号不清楚、遗漏或误标，引出端无别径压端子，每处扣1分 7. 损伤导线绝缘或线芯，每根扣1分 8. 不按PLC控制I/O接线图接线，每处扣5分	20				
		程序输入与调试	1. 不会熟练操作PLC键盘输入指令扣5分 2. 不会用删除、插入、修改等命令，每项扣5分 3. 一次试车不成功扣2分，两次试车不成功扣5分，三次试车不成功扣10分	20				

序号	工作过程	主要内容	评分标准	配分	自评		教师	
					扣分	得分	扣分	得分
5	职业规范团队合作(10分)	安全文明生产	违反安全文明操作规程扣3分	3				
		组织协调与合作	团队合作较差,小组不能配合完成任务扣3分	3				
		交流与表达能力	不能用专业语言正确流利简述任务成果扣4分	4				
合计				100				
学生自评								
教师评语								
学生签字	年　月　日		教师签字		年　月　日			

技 能 训 练

技能训练1　用PLC改造双速交流异步电动机自动变速控制电路,并且安装和调试

1. 控制电路图

参见课题4-4图。

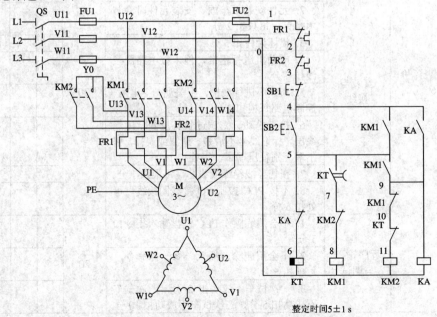

整定时间5±1 s

课题4-4图　双速交流异步电动机自动变速控制电路

2．设备、工具和用品

(1) 工具：测电笔、螺钉旋具、尖嘴钳、斜口钳、剥线钳、电工刀等。

(2) 仪表：MF47 型万用表、5050 型兆欧表、T301-A 型钳形电流表。

(3) 器材：控制板一块(600 mm × 500 mm × 20 mm)；导线规格：动力电路采用 BVR 2.5 mm² 塑铜线(黑色)，控制电路采用 BVR 1 mm² 塑铜线(红色)，按钮控制电路采用 BVR 1 mm² 塑铜线(红色)，接地线采用 BVR 塑铜线(黄绿双色，截面至少 1.5 mm²)；紧固体及编码套管等的数量视需要而定。

<h3 align="center">元件明细表</h3>

序号	名　称	型号与规格	单位	数量	备　注
1	双速电动机	YD123M-4/2，6.5 kW/8 kW、△/2Y，13.8 A /17.1 A，450 r/min/2880 r/min	台	1	
2	配线板	600 mm × 600 mm × 20 mm	块	1	
3	组合开关	HZ10-25/3	个	1	
4	交流接触器	CJ10-10，线圈电压 380 V 或 CJ10-20，线圈电压 380 V	只	2	
5	热继电器	JR16-20/3，整定电流 13.8 A 和 17.1 A 各一只	只	2	
6	熔断器及熔芯配套	RL1-60/40 A	套	3	
7	熔断器及熔芯配套	RL1-15/4 A	套	2	
8	三联按钮	LA10-3H 或 LA4-3H	个	1	
9	接线端子排	JX2-1015，500 V(10 A、15 节)	条	1	
10	异型塑料管	ϕ 3.5 mm	米	0.2	
11	可编程序控制器	FX2-48MR 或自定	台	1	
12	便携式编程器	FX2-20P 或自定	台	1	

3．技能训练要求

1) 电路设计

根据给定的继电控制电路图，列出 PLC 控制 I/O 口元件地址分配表，设计梯形图及 PLC 控制 I/O 口接线图，根据梯形图列出指令表。

2) 安装与接线

(1) 按 PLC 控制 I/O 口接线图在模拟配线板上正确安装，元件在配线板上的布置要合理，安装要准确、紧固，配线导线要紧固、美观，导线要进行线槽，导线要有端子标号，引出端要用别径压端子。

(2) 将熔断器、接触器、继电器、转换开关、PLC 装在一块配线板上，而将方式转换开关、行程开关、按钮等装在另一块配线板上。

3) 程序输入及调试

(1) 熟练操作 PLC 键盘，能正确地将所编程序输入 PLC；按照被控设备的动作要求进行模拟调试，达到设计要求。

(2) 通电试验。正确使用电工工具及万用表进行仔细检查，最好通电试验一次成功，并注意人身和设备安全。

技能训练 2　设计一个用 PLC 控制小车运动的装置，并进行安装与调试

1. 任务

课题 4-5 图所示是一种简单运送、装卸装置，其工作循环过程为：运货小车右行至右限位→到位后小车停止右行，打开漏斗翻门装货→7 秒后漏斗翻门关闭，小车左行至左限位→到位后小车停止左行，底门卸货→5 秒后底门关闭，完成一次装卸过程。(说明：小车底门和漏斗翻门的打开用中间继电器控制。)

2. 要求

(1) 工作方式设置为自动循环。

(2) 有必要的电气保护和联锁。

(3) 自动循环时应按上述顺序动作进行。

工作示意图如课题 4-5 图所示。

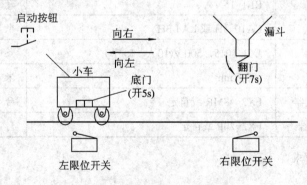

课题 4-5 图　PLC 控制小车运动装置

3. 设备、工具和材料

(1) 工具：测电笔、螺钉旋具、尖嘴钳、斜口钳、剥线钳、电工刀等。

(2) 仪表：MF47 型万用表、5050 型兆欧表、T301-A 型钳形电流表。

(3) 器材：控制板一块(600 mm × 500 mm × 20 mm)；导线规格：动力电路采用 BVR 2.5 mm² 塑铜线(黑色)，控制电路采用 BVR 1 mm² 塑铜线(红色)，按钮控制电路采用 BVR 1 mm² 塑铜线(红色)，接地线采用 BVR 塑铜线(黄绿双色，截面至少 1.5 mm²)；紧固体及编码套管等的数量视需要而定。

元 件 明 细 表

序号	名　称	型 号 与 规 格	单位	数量	备注
1	可编程序控制器	FX2-48MR 或自定	台	1	
2	便携式编程器	FX2-20P 或自定	台	1	
3	三相电动机	Y112M-4，4 kW、380 V、△接法；或自定	台	1	
4	配线板	600 mm × 600 mm × 20 mm	块	1	
5	组合开关	HZ10-25/3	个	1	
6	交流接触器	CJ10 × 10，线圈电压 220 V CJ10 × 20，线圈电压 220 V CCJ20 系列	只	2	
7	位置开关	LX19-111	只	2	
8	中间继电器	JZ7-44，线圈电压 220 V	只	2	
9	热继电器	JR16-20/3，整定电流 8.8 A	只	1	
10	熔断器及熔芯配套	RL1-60/20 A	套	3	
11	熔断器及熔芯配套	RL1-15/4 A	套	2	
12	三联按钮	LA10-3H 或 LA4-3H	个	2	
13	接线端子排	JX2-1015，500 V(10 A、15 节)	条	4	

4. 技能训练要求

参见技能训练1。

技能训练3　设计一个用 PLC 控制机械动力头的装置，并进行安装与调试

1. 任务

将箱体移动式机械动力头安装在滑座上，由两台三相异步电动机作动力源，实现以下动作：快速电动机通过丝杆进给装置实现箱体快速向前或向后移动(快速电动机端部装有制动电磁铁)；主电动机带动主轴旋转，同时通过电磁离合器、进给机构实现一次或二次工作进给运动。试设计该箱体移动式机械动力头按课题 4-6 图所示的步骤循环的电路图。(电磁离合器用中间继电器控制。)

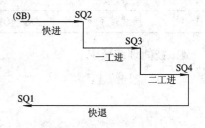

课题 4-6 图　机械动力头

2. 要求

(1) 工作方式设置为自动循环。

(2) 有必要的电气保护和联锁。

(3) 自动循环时应按上述顺序动作进行。

(4) 一次工进时电磁离合器 YC1 工作，二次工进时电磁离合器 YC2 工作。

(5) 电路应具备必要的联锁和保护环节。

3．设备、工具和材料

(1) 工具：测电笔、螺钉旋具、尖嘴钳、斜口钳、剥线钳、电工刀等。

(2) 仪表：MF47 型万用表、5050 型兆欧表、T301-A 型钳形电流表。

(3) 器材：控制板一块(600 mm × 500 mm × 20 mm)；导线规格：动力电路采用 BVR 2.5 mm^2 塑铜线(黑色)，控制电路采用 BVR 1 mm^2 塑铜线(红色)，按钮控制电路采用 BVR 1 mm^2 塑铜线(红色)，接地线采用 BVR 塑铜线(黄绿双色，截面至少 1.5 mm^2)；紧固体及编码套管等的数量视需要而定。

元 件 明 细 表

序号	名　称	型 号 与 规 格	单位	数量	备注
1	可编程序控制器	FX2-48MR 或自定	台	1	
2	便携式编程器	FX2-20P 或自定	台	1	
3	绘图工具	自定	套	1	
4	绘图纸	B4	张	4	
5	三相电动机	Y112M-4，4 kW、380 V、△接法；或自定	台	1	
6	配线板	600 mm × 600 mm × 20 mm	块	1	
7	组合开关	HZ10-25/3	个	1	
8	交流接触器	CJ10-10，线圈电压 380 V CJ10-20，线圈电压 380 V	只	2	
9	中间继电器	JZ7-44，线圈电压 380 V	只	2	
10	位置开关	LX19-111	只	4	
11	热继电器	JR16-20/3，整定电流 8.8 A	只	1	
12	熔断器及熔芯配套	RL1-60/20 A	套	3	
13	熔断器及熔芯配套	RL1-15/4 A	套	2	
14	三联按钮	LA10-3H 或 LA4-3H	个	2	
15	接线端子排	JX2-1015，500 V(10 A、15 节)	条	4	

4．技能训练要求

参见技能训练 1。